Leben ohne Tod?

für
Laura-Marie und Lorraine

Lieder des Katers Hiddigeigei

Auch ein ernstes gottesfürchtig
Leben nicht vor Alter schützet,
Mit Entrüstung seh‘ ich, wie schon
Graues Haar im Pelz mir sitzet.

Ja die Zeit tilgt unbarmherzig,
Was der einz‘le keck geschaffen –
Gegen diesen scharfgezahnten
Feind gebricht es uns an Waffen.

Und wir fallen ihm zum Opfer,
Unbewundert und vergessen;
– O ich möchte wütend an der
Turmuhr beide Zeiger fressen!

Joseph Victor von Scheffel (1826–1886)
Aus: Der Trompeter von Säckingen, 1854

Norbert Welsch

Leben ohne Tod?

Forscher besiegen das Altern

Norbert Welsch
Welsch & Partner
Tübingen, Deutschland

ISBN 978-3-662-45263-9 ISBN 978-3-662-45264-6 (eBook)
DOI 10.1007/978-3-662-45264-6

Die Deutsche Nationalbibliothek verzeichnet diese Publikation in der Deutschen Nationalbibliografie; detaillierte bibliografische Daten sind im Internet über http://dnb.d-nb.de abrufbar.

Springer Spektrum

Planung und Lektorat: Merlet Behncke-Braunbeck, Bettina Saglio
Redaktion: Maren Klingelhöfer

Gedruckt auf säurefreiem und chlorfrei gebleichtem Papier

Springer Berlin Heidelberg ist Teil der Fachverlagsgruppe
Springer Science+Business Media
(www.springer.com)

Vorwort

Eigentlich hätte ich dieses Buch gar nicht schreiben sollen. Anlass war zunächst meine langjährige Beschäftigung mit dem Entstehen und der Erhaltung des Lebens auf unserem Planeten, die auf ein ganz anderes Projekt zielte. Im Dezember 2013 hatte ich mir für die Weihnachtszeit die Ausarbeitung eines Kapitels zu einem umfangreichen Buch mit dem Titel „Leben" vorgenommen. Dieses beinhaltete auch vorstellbare Zukunftsszenarien der Menschheit, und ich begann, mich intensiver mit den Möglichkeiten und Konsequenzen einer Verlängerung der individuellen Lebenszeit zu befassen.

Das Gebiet erwies sich als so faszinierend, dass ich kurzerhand beschloss, mein ursprüngliches Projekt noch etwas zu verschieben und mich tiefer in den Forschungsstand einzuarbeiten. Das Thema lag in der Luft. Schließlich war es noch nicht lange her, dass der Nobelpreis für die Forschungen an Telomeren (Elizabeth H. Blackburn, Carol Greider und Jack W. Szostak, 2009) vergeben worden war. Das Gebiet war in Aufruhr. Auch die alten Theorien über Sauerstoffradikale als Hauptursache der im Alter beobachteten Degenerationsprozesse wurden durch kontroverse Ergebnisse der letzten Monate zunehmend in Frage gestellt. Die eigentliche Initialzündung aber kam mit der Veröffentlichung von David A. Sinclair et al. in der renommierten Fachzeitschrift *Cell* über reversible Aspekte der Alterung. Sinclair ist einer der international führenden Köpfe auf diesem Gebiet. Die bahnbrechenden Experimente seiner Gruppe weisen auf einen Kommunikationsverlust zwischen Zellkern und Mitochondrien als Ursache des Alterns hin. Das Elektrisierende daran: Diese Signalwege können womöglich noch spät im Leben repariert werden. Sollte es wirklich soweit sein, dass wir einen Zipfel der Unsterblichkeit in greifbarer Nähe hatten? Und falls dem so wäre, was würde das eigentlich für unsere Zivilisation und unser ganz persönliches Dasein bedeuten? Diese Fragen ließen mir fortan keine Ruhe mehr. Ich beschloss, ein Resümee zum heutigen Stand der Alterungsforschung zusammenzustellen. Mit dem vorliegenden Buch möchte ich über den aktuellen Forschungsstand informieren, einige der Überlegungen mit Ihnen, den Lesern, teilen und zum Weiterdenken und Diskutieren anregen. Für jeden an diesem Gebiet Interessierten ist es unumgänglich, sich laufend weiter zu informieren, denn das Gebiet hat eine enorme Dynamik. Dies zeigt schon das Literaturverzeichnis, in dem die Referenzen auf Artikel der letzten zwei Jahre überwiegen. Während dieses Buch entstand, musste es mehrfach an neueste Forschungsergebnisse angepasst werden.

Zuletzt möchte ich nicht vergessen, meinen Betreuern im Verlag, allen voran Frau Behnke-Braunbeck, dafür danken, dass sie meinen gedanklichen Eskapaden folgten und mir auch für dieses Buch mit Rat und Geduld zur Seite standen. Ganz besonderer Dank gebührt aber meinen Freunden Claus Chr. Liebmann und Jürgen Schwab, die mir nicht nur verziehen haben, dass ich mit diesem Buch das oben erwähnte gemeinsame Projekt verzögert habe, sondern die mir auch mit Rat und Tat zur Seite standen. Für die Endkorrektur danke ich Frau Maren Klingelhöfer. Für alle eventuell trotzdem stehen gebliebenen Fehler liegt die Verantwortung ausschließlich bei mir.

Norbert Welsch, Tübingen, September 2014
(*nw@welsch.com*)
Aktuelles zum Thema finden Sie auf *life-watcher.de*

Alle Hinweise zu vermuteter Wirksamkeit oder Unwirksamkeit lebensverlängernder oder risikovermindernder Maßnahmen beruhen auf persönlichen Einschätzungen des Autors. Sie sollten keinesfalls ohne Rücksprache mit einem Arzt zu einer Selbstmedikation herangezogen werden. Auch bei grundsätzlichen Verhaltensänderungen und Änderungen der Ernährung sollten Sie den Rat Ihres Arztes einholen, denn Nutzen oder Schaden können auch in diesem Fall vom individuellen Metabolismus und Gesundheitszustand abhängen.

Inhalt

1. Tod und die Suche nach ewiger Jugend

2. Alterskrankheiten und Altern als Krankheit

3. Molekularbiologische Grundlagen

4. Zelluläre Mechanismen des Alterns

5. Behandlungsansätze

1. Tod und die Suche nach ewiger Jugend

Bewusstsein und kreatürliche Todesfurcht

Vor kurzem ging eine Meldung durch die Medien, dass eine Kuh in Panik auf dem Weg zum Schlachter ausbüxte und bei ihrer verzweifelten Flucht zwei Personen verletzte, um sich dann auf einer Weide unter ihresgleichen zu verstecken. Sie wurde trotzdem erkannt und in der Folge erschossen.[1] Rinder und Schweine ahnen offenbar, dass für sie am Ende ihres Weges nichts Gutes wartet. Oft erleiden Schweine sogar einen Herzinfarkt, bevor sie geschlachtet werden. Ihr Verhalten zeigt es unzweideutig: Sie wollen nicht sterben. Tiere fürchten den unmittelbar bevorstehenden Tod genauso wie Menschen und wollen ihm entkommen. Kleine Lebewesen wie Fische und sogar ganz kleine wie Fruchtfliegen geraten bei Gefahr sichtbar in Aufregung. Sie versuchen mit allerlei Strategien zu fliehen, statt sich widerstandslos töten zu lassen. Der Tod, das anscheinend unvermeidliche Ende des individuellen Lebens, hat insbesondere uns Menschen seit Urzeiten beschäftigt und verunsichert.

Furcht- und Fluchtreaktionen sind früh in der Stammesgeschichte entstanden. Die Möglichkeit zur Steuerung einer Fluchtreaktion vor unzuträglichen Umweltbedingungen war, auch schon lange bevor es räuberisch lebende Organismen gab, einer der Schlüsselfaktoren in der Evolution. Das muss nicht weiter verwundern, wirkt doch hier der denkbar größte Selektionsdruck von unmittelbarem Sein oder Nichtsein. Die Geschichte der Furcht – vielleicht sollte man neutraler sagen, der überlebensfördernden Reaktion auf äußere Reize – beginnt möglicherweise schon kurz nach der Entstehung von Lebensprozessen in der chemischen Evolution, also vor etwa 4,3 bis 3,8 Milliarden Jahren. Wenn das so ist, liegt die Furcht vor dem Tod im Herzen dessen, was das Leben überhaupt ausmacht.

Informationsverarbeitung fand damals, noch kaum als solche erkennbar, direkter statt als heute – nämlich durch die chemischen und physikalischen Eigenschaften der Lebensmoleküle selbst. Moleküle, die einfach aufgrund ihrer Eigenschaften in einer bestimmten Umgebung stabiler sind als andere und „überleben", werden sich automatisch anhäufen. Sie stehen in der nächsten „Generation" zu weiteren Reaktionen und für chemische Variationen zur Verfügung. Dehnte man den Begriff sehr weit, könnte man davon sprechen, dass sie allein durch ihre weitere Existenz Informationen über ihre Umgebung „verarbeitet" haben. Ganz sicher aber haben die zerfallenen („gestorbenen") Moleküle damals noch nicht mit ihrem Schicksal gehadert.

Gehen wir weiter, zu der Zeit vor ungefähr 3,5 Milliarden Jahren, ins Archaikum, als, so glaubt man, erste zelluläre Lebensformen entstanden waren. Eine Zelle (lat. *cellula*, kleine Kammer) ist die kleinste wirklich lebende Einheit eines Lebewesens. Wir wissen noch immer sehr wenig über diesen Übergang von der chemischen zur biologischen Evolution, aber die Wechselwirkung mit der Umgebung hatte bereits dazu geführt, dass Informationen über das Selbst in Form optimierter Reaktionen auf Umgebungsreize in den Zellen auf einer Metaebene gespeichert wurden. Es ginge hier viel zu weit, auf Theorien zur Entstehung des Lebens und des genetischen Codes einzugehen, ich habe dies bereits an anderer Stelle ausgeführt.[2, 3] Die Information konnte bei der Teilung weitergegeben werden. Auch diese „primitiven" Einzeller nutzten dazu schon dieselbe Repräsentation genetischer Information in Form von Desoxyribonukleinsäure (DNA), die wir auch noch heute bei allen irdischen Lebewesen finden. (Einige Viren nutzen RNA als Erbmaterial, sie werden jedoch nicht zu den Lebewesen gerechnet, da sie sich nur in Zellen anderer Lebewesen vermehren können und keinen eigenen Stoffwechsel haben.) Die DNA lag wahrscheinlich, wie bei heutigen Bakterien und Archaeen (Prokaryoten), als ringförmiges Chromosom frei im Zellplasma. Bei den wesentlich später entstandenen eukaryotischen Zellen aller anderen Lebewesen bis hin zum Menschen liegt das Erbmaterial in linear organisierten Chromosomen in einem Zellkern vor.

Differenziertes Verhalten war zu diesem Zeitpunkt längst entstanden. Von Mikroorganismen wie Bakterien ist bekannt, dass sie etwa ihren Schwimmmechanismus ein- und ausschalten können. Passt ihnen die Umgebung, bleiben sie gerne ein wenig länger. Ist sie ihnen beispielsweise zu hell bzw. zu dunkel oder chemisch unpassend, so geben sie einfach mehr Gas. Diese Reaktionen heißen Phototaxis bzw. Chemotaxis. Sie sehen tatsächlich wie Fluchtreaktionen aus und führen dazu, dass sich mehr der Organismen in für ihr Überleben und Wachstum günstigen Umgebungen aufhalten. Über einfache Zellkolonien entstanden zunächst mehrzellige und dann vielzellige Lebewesen (▸ Abbildung 1-06). Letztere konnten es sich leisten für die so wichtige Verarbeitung von Information spezialisierte Zelltypen bereitzustellen. Diese Entwicklung führte viel später, vor ungefähr 600 Millionen Jahren im Präkambrium, dazu, dass erste Sinnesorgane und differenzierte Nervensysteme entstanden. Gefahren aus der Umwelt mussten erkannt und rechtzeitig vermieden werden. Bereits eine falsche Entscheidung bedeutet im Überlebenskampf oft genug das Ende. Dadurch entwickelten sich diese Strukturen zu ungeahnter Komplexität.

Höher entwickelte Nervensysteme wurden später in Form räuberischer Spezies selbst zum Problem für andere Arten. Ein Wettlauf zwischen Jägern und Gejagten setzte ein. Tiere lernten, ihre Körper immer besser zu koordinieren, Partnersuche und Aufzucht ihrer Nachkommen zu bewerkstelligen, ihre Lebensräume optimal zu nutzen, und vor allem, ihre Fressfeinde zu meiden.

Inwieweit solche sichtbaren Reaktionen von Lebewesen aller Entwicklungsstufen mit Gefühlen von Furcht verknüpft sein können, ist sicherlich vom Grad der Komplexität der Nervennetze abhängig und wird von Spezies zu Spezies unterschiedlich sein. Man mag Tieren mehr oder weniger Bewusstsein zuschreiben je nachdem, ob man es für ethisch vertretbar hält, sie zu schlachten oder nicht. Was man aber früher verächtlich als „Instinkt" bezeichnete und geplantem Verhalten als Gegensatz gegenüberstellte, erwies sich zunehmend als ein und dasselbe: Die Fähigkeit, durch aufgenommene Informationen das eigene Verhalten so zu steuern, dass sich die Wahrscheinlichkeit des Überlebens erhöht. Dem liegt stets ein Mindestmaß an interner Repräsentation der Außenwelt und eine Planungskomponente zugrunde, die die Folgen des eigenen Verhaltens vorhersieht. Haben diese Tiere Angst vor dem Sterben? Ist dies bereits so etwas wie Bewusstsein?

Relativ gesichert kann man ein gewisses Bewusstsein jedenfalls nicht nur für Primaten und Säugetiere annehmen, sondern auch für einige andere hoch entwickelte Lebewesen. Denken wir etwa an Vögel[4, 5] (insbesondere Rabenvögel), Fische oder Kopffüßer. Bei all diesen Arten finden wir ausgeprägte Gehirne mit der Fähigkeit zu sehr komplexer Planung.

Zumindest bei Säugetieren weiß man, dass Gefühle der Angst in evolutionär tief liegenden Schaltkreisen repräsentiert werden. Im Säugetiergehirn liegen sie im paarig angelegten Mandelkern (Amygdala). Dieser findet sich jeweils an der Innenseite der Temporallappen und ist ein Teil des für Gefühle zuständigen limbischen Systems. Man hört von Delphinen, die nach dem Tod eines langjährigen Partners versuchen, sich durch Schwimmen gegen Wände umzubringen, und von in lebenslanger Paarbindung lebenden Vögeln, die in solchen Situationen sichtbar trauern und möglicherweise dadurch selbst früher sterben. Vögeln wird heute durchaus ein Bewusstsein und ein ausgeprägtes soziales Einfühlungsvermögen zugeschrieben, auch wenn sie hierfür andere

Strukturen (beispielsweise das Nidopallium) in ihren teilweise deutlich anders aufgebauten Gehirnen nutzen. Nicht auszuschließen ist übrigens, dass diese wenige Kubikzentimeter großen Hochleistungsgebilde beim Verhältnis Leistung/Größe sogar effizienter abschneiden als unsere eigenen Denkapparate. Da können etwa Tauben noch nach Jahren menschliche Gesichter wiedererkennen[6], Rabenvögel lösen physikalische Probleme mehrfach raffiniert verriegelter Futterbehälter durch einfaches Betrachten und gezielte Aktionen statt einfach durch Ausprobieren. Und sie können sich wohl sogar vorstellen, über welche Informationen andere Individuen ihrer Art in bestimmten Situationen verfügen. Sie verstecken Futter schnell an einer anderen Stelle, wenn sie bemerken, dass sie beobachtet wurden. Selbst bei Tieren, denen man das wegen ihrer sehr kleinen Gehirne niemals zugetraut hätte, finden sich erstaunliche Leistungen. Ja, sogar Ameisen scheinen manche ihrer Nestgenossen einzeln zu erkennen und können individuelle Vorlieben für bestimmte Arbeiten ausbilden.[7, 8]

Bemerkenswert ist, dass praktisch alle Publikationen aus den letzten Jahrzehnten, die tierisches Bewusstsein untersuchten, zu demselben Ergebnis kommen: Dass nämlich die Fähigkeiten der entsprechenden Spezies früher in typisch menschlichem Überlegenheitsdünkel gewaltig unterschätzt wurden. Man sollte deshalb nicht ausschließen, dass auch viele der entfernter mit uns verwandte Tierarten sich ihren eigenen Tod durchaus irgendwie vorstellen können und deshalb ähnlich wie Menschen mit „kreatürlicher Angst" reagieren.

Zumindest über Menschen wissen wir aber mehr. Nämlich, dass neben der Furcht vor dem unmittelbar bevorstehenden Tod für viele von uns bereits das Wissen um das irgendwann unvermeidlich eintretende Lebensende eine große Belastung darstellt. Dies gilt vielleicht noch mehr für das Wissen um die irgendwann wahrscheinlich bevorstehende Phase eingeschränkter Lebensqualität mit Alter und Senilität, die dem meist vorausgeht. Und je näher der Augenblick des Todes rückt, umso mehr fürchten ihn viele Menschen. Ältere Personen sind vielfach deutlich ängstlicher als jüngere. Sie gehen nicht mehr so leicht Risiken ein. Das steht in erstaunlichem Widerspruch dazu, dass sie natürlich bei gleichem Risiko in einer bestimmten Situation immer weniger Jahre zu verlieren haben. Meist sehen erst sehr alte Menschen dem Tod wieder gelassener entgegen, empfinden ihn manchmal als Erlösung nach einem erfüllten Leben. Diese Einstellung resultiert allerdings häufig nicht aus einer grundsätzlichen Ablehnung des Lebens. Sie ist eher die Folge zunehmender Leiden unter diversen Alterskrankheiten, aus dem Empfinden stetig nachlassender Kraft, dem Gefühl, anderen zur Last zu fallen und aus gesellschaftlicher Vereinsamung. Religiöse Vorstellungen können dazu beitragen, im Tod einen Übergang in eine bessere Welt zu sehen und ihn damit für sich selbst akzeptabler zu machen.

Mythen und der Wunsch nach Unsterblichkeit

Die Furcht vor dem Ende der spirituellen und körperlichen Existenz wird vielfach auch als Hauptquelle für Mythen und Religionen angesehen. Sie alle weisen über die individuelle Existenz hinaus, ordnen uns einen Platz in einem größeren Ganzen zu. Mag man davon halten, was man will, der Mensch sehnt sich auf jeden Fall nach Unsterblichkeit und klammert sich dazu an jeden Strohhalm.

Götter sind in nahezu allen Religionen unsterblich (eine bemerkenswerte Ausnahme sind die nordischen Götter, denen nach der Edda in Ragnarök, der Götterdämmerung, der Untergang bestimmt ist). Auch die Sterblichkeit des Menschen wird in Religionen durchaus nicht immer mit dem endgültigen Verlöschen gleichgesetzt. In der griechischen Mythologie etwa versucht Orpheus seine geliebte Frau Eurydike – wenngleich letztlich erfolglos – aus dem Totenreich zurückzuholen.

1-01

Gevatter Tod. Der Tod hatte mit seinem Patensohn, der Arzt wurde, vereinbart, dass er Todkranke heilen durfte, wenn der Tod zu ihren Füßen stand. Den Trick, einen Kranken im Bett einfach umzudrehen, sieht ihm der Tod aber nur ein einziges Mal nach.

Sei es als Bewohner des Paradieses oder in unendlichen Qualen einer Hölle – es existiert eine mehr oder weniger verlockende langfristige Perspektive für die Seele, dem angenommenen spirituellen Kern unserer Existenz. Wie aber steht es mit körperlicher Unsterblichkeit?

Das Streben des Menschen nach Verjüngung des Körpers, und damit nach unendlichen Möglichkeiten, Erkenntnisse und Lebensgenuss zu erlangen, wird auch in Goethes Version des Faust-Stoffes thematisiert. Dort versucht der Protagonist, diese Ziele durch einen Pakt mit Mephisto, dem Teufel, zu erreichen. Doch auch er scheitert letztlich damit.

Im vorliegenden Buch wollen wir uns mit den rationaleren Möglichkeiten beschäftigen, den Tod abzuwenden oder zumindest deutlich länger hinauszuschieben. Können wir ihm vielleicht doch ein Schnippchen schlagen, wie der Arzt seinem Paten im Märchen vom „Gevatter Tod“[9]?

Wir werden uns fragen, ob an Altern und Tod irgendetwas naturgegeben Unabänderliches ist oder ob zumindest prinzipiell für die Wissenschaft die Möglichkeit besteht, die aktive und gesunde Lebenszeit deutlich zu verlängern. Wir werden sehen, dass die Chancen dafür bereits in den nächsten Jahrzehnten gar nicht schlecht stehen. Sind wir womöglich die letzte Generation, die mit dem unausweichlichen Tod vor Augen durchs Leben gehen muss? Weil sich einige Menschen absolut nicht mit dem Sterben abfinden wollen, entstand so etwas wie eine weltweite Bewegung, deren informelle Mitglieder sich „Immortalisten“ nennen. Sie kämpfen an vielen Fronten dafür, das Sterben irgendwann ganz zu überwinden, und sei es auch um den Preis, das uns gewohnte Menschenbild aufgeben zu müssen.

Verlängerung der Lebenszeit

Bekanntermaßen ist die Lebenserwartung eines Menschen von vielen äußeren und inneren Faktoren abhängig. Entscheidend ist etwa, in welchem Land man lebt, welcher sozialen Schicht man angehört und ob man eine Frau oder ein Mann ist.

Die Gründe für regionale Variationen sind vielfältig. Von besonderer Bedeutung ist natürlich die Säuglingssterblichkeit. Die von der Geburt an gerechnete durchschnittliche Lebenserwartung hat sich in den letzten hundert Jahren durch drastische Reduktion der Sterblichkeit in den frühen Lebensjahren stark verlängert (▸ Abbildung 1-02). Besonders die Einführung besserer hygienischer Standards Anfang des 20. Jahrhunderts und die im Laufe der Zeit in Ländern mit hohem Lebensstandard stetig besser werdende medizinische Versorgung trugen dazu bei (▸ Abbildung 1-03). Auch viele während des späteren Lebens auftretende ehemals tödliche Krankheiten sind heute, insbesondere dank Einführung der Antibiotika, heilbar oder werden durch vorbeugende Impfungen überhaupt vermieden. So gelang es, seit Anfang des 20. Jahrhunderts große Pandemien zu verhindern, die zuvor auch jüngeren Menschen millionenfachen Tod brachten. Verbliebene statistisch relevante Todesursachen, die nicht auf alterstypische Krankheiten zurückgehen, sind Kriege und sonstige bewaffnete Konflikte, Hungersnöte, Naturkatastrophen und Unfälle (▸ Abbildung 1-04).

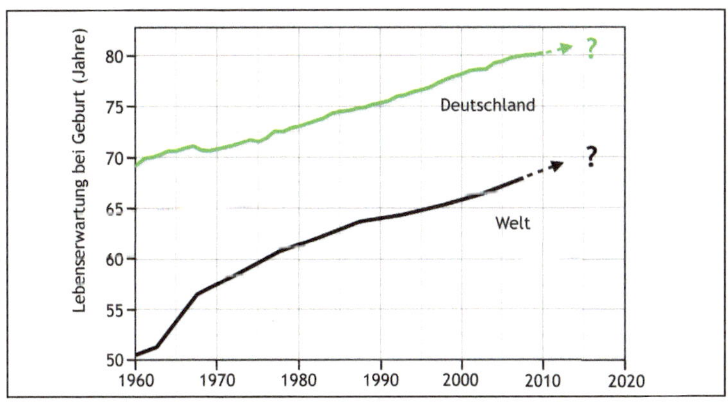

1-02

Entwicklung der Lebenserwartung. Entwicklung der Lebenserwartung bei der Geburt in Deutschland und weltweit seit 1960 (mit Erreichen eines höheren Lebensalters steigt die fernere Lebenserwartung eines Individuums stetig weiter an).

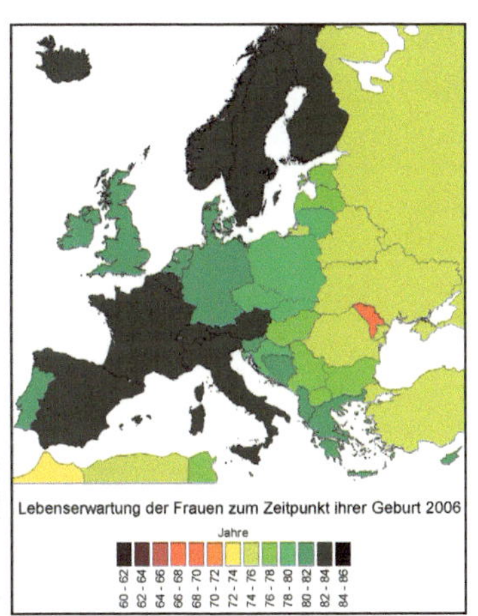

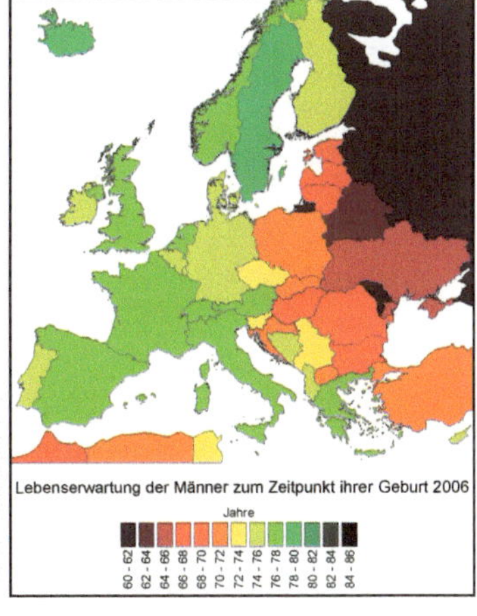

1-03

Lebenserwartung nach Ländern. Lebenserwartung von Kindern, die in Europa im Jahre 2006 geboren wurden.

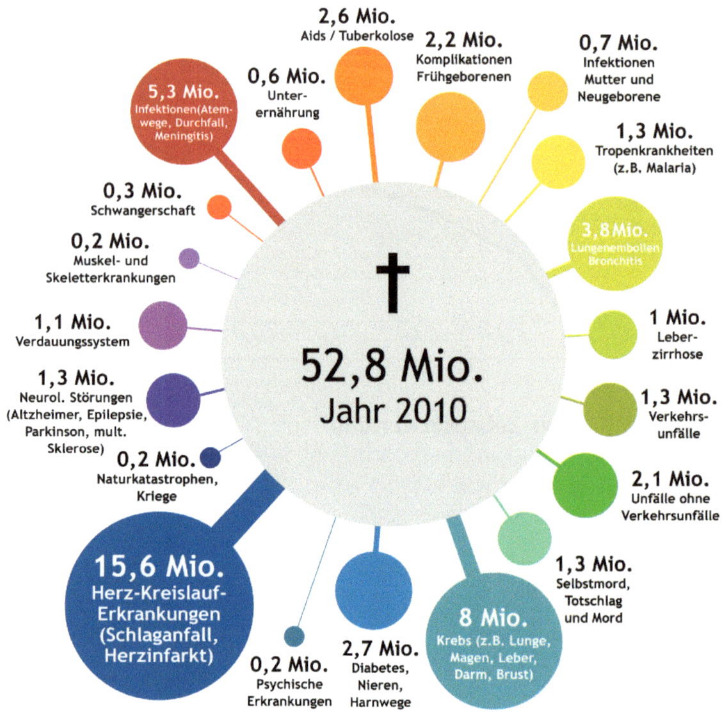

1-04

Todesursachen. Die häufigsten Todesursachen im Jahr 2010 weltweit (Daten nach: „The Global Burden of Disease Study 2010“, Lancet, Bd. 380, Nr. 9859 , S. 2063–2066).[10]

Solche Zahlen sagen natürlich noch sehr wenig über den Alterungsprozess als solchen aus. Sie werden außerdem durch die erwähnten Naturkatastrophen und Kriege verfälscht. Es gab durchaus schon in der Antike wirklich alte Menschen, auch wenn man vielleicht die Überlieferung zum sprichwörtlich alten Methusalem der Bibel nicht allzu wörtlich nehmen sollte. Der Urvater aus dem Alten Testament soll ganze 969 Jahre alt geworden sein.[11]

Neben der nur eingeschränkt aussagekräftigen Angabe einer durchschnittlichen Lebenserwartung ist es sinnvoll zu untersuchen, welche Restlebenserwartung ein Mensch nach Überstehen der Kindheit, also beispielsweise mit dem Erreichen der Geschlechtsreife oder ab einem bestimmten fest vorgegebenen Alter, statistisch noch hat. Dabei ist zu beachten, dass eine Person, die beispielsweise bereits 80 Jahre alt geworden ist, natürlich nicht mehr früher sterben kann. So ergibt sich der Effekt, dass die Restlebenserwartung mit dem bereits erreichten Alter stetig anwächst und stets höher ist als die Lebenserwartung bei der Geburt. Dieses genau zu wissen, ist das Kerngeschäft der Lebensversicherer und entsprechend aussagekräftige Zahlen sind darüber verfügbar. Eine sehr gut funktionierende Faustformel fand der britische Mathematiker Benjamin Gompertz (1779–1865). Sie besagt, dass sich für Menschen, wenn sie einmal das 30. Lebensjahr überschritten haben, etwa alle 8,7 Jahre ihre Sterbewahrscheinlichkeit verdoppelt.

Diese Sterbetafeln lassen sich mathematisch auch gut mit einer Verteilung beschreiben, die man Weibull-Verteilung nennt. Ihre zwei Parameter können so angepasst werden, dass sie – ausreichend große Zahlen vorausgesetzt – fast exakt die Anzahl überlebender Individuen in Abhängigkeit von der Zeit widerspiegelt. Bemerkenswert ist, dass man damit keineswegs nur Lebewesen beschreiben kann, sondern ebenso gut etwa den Ausfall technischer Bauelemente, der auch nicht allein vom Zufall abhängt, sondern von deren individueller Belastungsgeschichte.

Seit etwa 1840 beobachtet man in Industrieländern eine Entwicklung hin zu immer längerer Lebenszeit. Die Lebenserwartung in Industrieländern hat – trotz aller bedenklichen Effekte wie Luftverschmutzung und aufgenommener Giftstoffe – allein Laufe des 20. Jahrhunderts um etwa 30 Jahre zugenommen.

Tatsächlich stellen wir also bereits in den letzten hundert Jahren eine deutliche Zunahme der aktiven Lebenszeit und ein späteres Einsetzen altersbedingter Erkrankungen fest. Eben diese Entwicklung war es, die zusammen mit einer geringeren Geburtenrate schließlich eine Erhöhung des Renteneintrittsalters unausweichlich machte, um die Sozialsysteme in Balance zu halten. Wir werden uns damit im letzten Kapitel dieses Buches befassen.

Selbst ganz neue Studien[12] zeigen keinerlei Abschwächung dieser Entwicklung zur Langlebigkeit. Man geht davon aus, dass zumindest die Hälfte aller seit dem Jahr 2000 geborenen Kinder noch das Jahr 2100 erleben können. Dies gilt selbst dann, wenn sich die medizinische Versorgung nicht weiter verbessert und die Suche nach Medikamenten gegen Alterung entgegen aller Hoffnungen doch nicht erfolgreich ist. Der Grund für diese Entwicklung, die ohne unser gezieltes Zutun erfolgt, ist noch nicht restlos verstanden. Wie wir aber im Folgenden sehen werden, ist ein Teil des Effekts möglicherweise dadurch erklärbar, dass wir immer später im Leben Nachkommen zeugen.

Späte Geburt, später Tod

Eltern, zumindest in Europa und den USA, tendieren dazu, ihr erstes und ihr letztes Kind deutlich später zu bekommen, als dies noch vor 50 Jahren der Fall war. Zwischen 1975 und 2012 stieg beispielsweise in Deutschland das durchschnittliche Alter von Frauen bei der ersten Eheschließung von 22 stetig auf 30 Jahre an (▸ Abbildung 1-05). In anderen westlichen Ländern, sehen wir eine ganz ähnliche Entwicklung.

Die beobachteten Veränderungen könnten an der anderen Lebenssituation der Frauen liegen. Diese möchten heute selbstständiger leben, sind vielfach zunächst an einer guten Ausbildung und einigen Jahren Berufstätigkeit interessiert und lassen sich allgemein mehr Zeit bei der Auswahl eines Partners. Es gibt allerdings auch andere Erklärungen für die beobachteten Fakten, insbesondere wenn man ältere Werte hinzunimmt. Zwischen 1890 und 1950 fiel nämlich das Alter bei der ersten Eheschließung beispielsweise in den USA für Frauen um knapp 2 Jahre und für Männer um fast vier Jahre. Vielleicht ermöglichte mehr gesellschaftliche Freizügigkeit in diesem Zeitraum frühere Eheschließungen. Von etwa 1960 an muss man zudem den Einfluss breit verfügbarer Verhütungsmittel berücksichtigen, allen voran der Antibabypille. Sie erleichterte es Frauen sehr, den Zeitpunkt der ersten Geburt selbst zu bestimmen. Der Anteil unehelicher Kinder liegt in Europa gegenwärtig bei etwa 37 Prozent aller Lebendgeburten. Aber auch wenn man dies in der Statistik berücksichtigt, ändert sich nichts Grundsätzliches am Bild. Als Daumenregel kann man eine Verschiebung der ersten Geburt um etwa vier Jahre seit Mitte des letzten Jahrhunderts festhalten.

Bekanntermaßen steigt das Risiko chromosomenbedingter Missbildungen wie des Down-Syndroms (Trisomie 21) bei

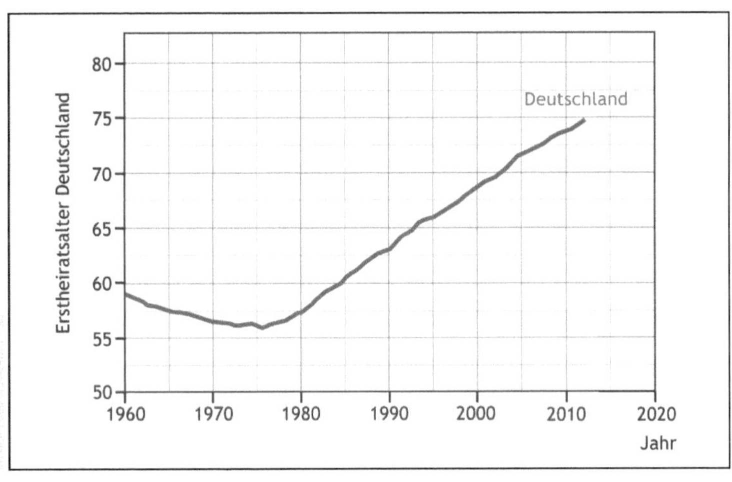

1-05

Späte Familie. Das mittlere Alter bei der ersten Eheschließung steigt in Deutschland immer mehr an.

Schwangerschaften von Frauen über 35 stark an. Erstaunlicherweise steigert ein hohes Zeugungsalter des Vaters dieses Risiko offenbar nur wenig, hat aber einen sehr positiven Einfluss auf die Lebenserwartung des Nachwuchses[13, 14]. Wir werden diesen Aspekt mit der Besprechung der Telomertheorie des Alterns (▶ Seite 110) besser verstehen. Der Effekt ist immens. Die Lebenserwartung von Kindern, die vom Vater spät im Leben gezeugt wurden, ist um viele Jahre erhöht. Selbst das Alter, in dem der Großvater den Vater gezeugt hat, wirkt sich über die Generationen hinweg aus. Dies macht offensichtlich sogar das natürlich auch bei älteren Vätern auftretende höhere Risiko von Mutationen in der Keimbahn wett. Dieses Risiko wurde in neueren Untersuchungen quantifiziert[14]. Nach diesen Messungen geben 20-jährige Väter im Durchschnitt etwa 25 spontane Neumutationen der Spermien an ihren Nachwuchs weiter. Mit jedem Jahr, das der Vater älter ist, kommen etwa zwei weitere hinzu. Hingegen soll die mütterlicher Seite relativ altersunabhängig etwa 14 Mutationen beitragen. Ein eindeutiger Zusammenhang mit höherem Krankheitsrisiko des Nachwuchses konnte nicht erbracht werden, es besteht aber ein gewisser Verdacht, dass das Risiko für Autismus und Schizophrenie leicht ansteigt.

Für die Betrachtung der gesellschaftlichen Folgen von Langlebigkeit im letzten Kapitel bleibt Folgendes anzumerken: Die beschriebene Verlängerung der Lebenszeit in den entwickelten Ländern hat bisher nirgends zu einer Überbevölkerung geführt, da die Geburtenrate gleichzeitig abnahm.

Was ist eigentlich Tod?

Auf den ersten Blick ist der Tod relativ klar definiert: Er ist das Ende des individuellen Lebens, der Denkfähigkeit, des Bewusstseins und die Auflösung des Körpers.

Doch selbst hier gibt es Graubereiche. Wann ist ein Mensch wirklich unumkehrbar tot? In der Medizinethik habt sich die Vorstellung vom finalen Exitus im Laufe der Jahrhunderte und mit dem medizinischen Fortschritt stark gewandelt. Mancher, bei dem vor hundert Jahren ein plötzlicher Herztod diagnostiziert wurde, könnte heute wiedererweckt werden und noch viele Jahre aktive Lebenszeit vor sich haben. Und noch immer verschiebt sich diese Grenze weiter. Auch bei scheinbar hirntoten und von den Ärzten längst aufgegebenen Patienten kann es in sehr seltenen Fällen zu Spontanheilungen kommen.

Die Medizin erlaubt es heute jedenfalls, einen Toten nahezu beliebig lange am Leben zu erhalten. Und schon diese absurde Ausdrucksweise zeigt die Problematik überdeutlich.

Man kann noch einen Schritt weiter gehen und Zellkulturen betrachten, also Zellen, die man isoliert und in Nährmedien zum Wachstum gebracht hat. Im ersten Teil des 20. Jahrhunderts glaubte man, isolierte Körperzellen wären in Kultur potenziell unsterblich. Diese Sicht ging jedoch auf ein fehlerhaftes Experiment von 1912 zurück, das nachzuweisen schien, dass eine angesetzte Gewebekultur eines Hühnerherzens unbegrenzt teilungsfähig ist.[15] Diese Auffassung musste im Jahr 1961 revidiert werden. Wie sich nämlich herausstellte, waren die Kulturen durch eine fehlerhafte experimentelle Methode immer wieder mit frischen Zellen beimpft worden. Leonard Hayflick[16], auf den wir später noch zurückkommen werden, entdeckte, dass somatische Zellen sich tatsächlich normalerweise nur so oft teilen, wie sie es im Körper getan hätten (Hayflick-Grenze). Allerdings besteht durchaus die Möglichkeit, dass einige Zellen potenzielle Unsterblichkeit erlangen. Man sagt, sie haben eine Transformation durchgemacht. Heute werden Zellen routinemäßig immortalisiert, um sie dauerhaft in Kultur halten zu können. Dieser Übergang zu unendlicher Teilungsfähigkeit kann, muss aber nicht unbedingt, zur Entstehung von Krebszellen führen. Aber die ersten menschlichen Zellen, die in Dauerkultur wuchsen, waren tatsächlich Krebszellen. Es waren die berühmten Zellen der Patientin Henrietta Lacks (daher HeLa-Zellen), die im Jahr 1951, erst 31-jährig, an Gebärmutterhalskrebs verstarb. Von ihren Zellen existieren heute weltweit geschätzte 50 Tonnen in tausenden von Forschungslabors. Für die Forschung ist die Arbeit mit einem gemeinsamen Referenzstamm unendlich wertvoll. Warum HeLa-Zellen sich so ausgesprochen gut vermehren, birgt im Detail noch einige Geheimnisse. Klar ist aber, dass ein bestimmtes, darin aktiviertes Enzym namens Telo-

Tod erst durch Verlust der Detailinformation über ein Lebewesen?

Viren können bereits allein auf Basis der Sequenzinformation erzeugt werden. Ist ein Mensch auch dann unwiderruflich tot, wenn seine DNA-Information gespeichert wurde? Selbst wenn sein Gehirnzustand in einen Rechner heruntergeladen ist? Oder wenn dieser Bewusstseinsinhalt weiter mit der Umgebung interagiert? Vor vielen Jahren beschäftigte ich mich mit künstlichen neuronalen Netzwerken. Dabei kam mir der Gedanke, ob es möglich sein müsste, ein System zu programmieren, das Verständnis, Einstellungen und typische Ausdrucksweisen eines Menschen so weit getreu abbildet, dass er im Sinne eines Turing-Tests nicht mehr vom Original zu unterscheiden ist. Man könnte solch einen simulierten Menschen auch nach seinem Tod noch um Rat fragen und sich mit ihm unterhalten. Damals stellte ich mir eine Art Grabsteine vor, die komplett mit Rechner und Monitor auf einem Friedhof stehen. Heute würde man den Geist eines Verstorbenen wohl eher als animierte Telepräsenz im Internet zur Verfügung stellen. Natürlich müsste eine solche Entität auf vergangene Fragen Bezug nehmen können, sich erinnern. Würde der Mensch damit nicht auf eine seltsame Art wirklich weiterexistieren und die Grenze zu Selbstreflexion und maschinellem Bewusstsein somit verwischen?

merase zumindest eine der Voraussetzungen ist (▸ Kapitel 3). Der Fall illustriert das große Spannungsfeld zwischen der Unsterblichkeit von Zellen, der Unsterblichkeit eines Körpers und der Unsterblichkeit einer Person. Nur letztere ist uns wichtig, wenn wir Lebensverlängerung anstreben. Aber ist ein Wesen vollständig tot, wenn noch lebensfähige Zellen vorhanden sind? Mit fortgeschrittener Technik ließe sich ein Klon herstellen, wie es bei dem berühmten Schaf Dolly gelang. Das Ergebnis wäre aber nicht die Unsterblichkeit der Person, sondern nur eine Kopie des Körpers.

Unsterblicher Krebs

Dass zu Krebszellen transformierte, gewöhnliche Körperzellen potenziell unsterblich sind, kann man in der Natur selten beobachten. Denn in aller Regel sterben Krebszellen zusammen mit dem Organismus ab, der sie hervorgebracht hat. Eine Übertragung auf andere Individuen wird normalerweise durch das Immunsystem verhindert. Hiervon sind nur zwei Ausnahmen in genetisch nicht sehr variablen Populationen bekannt. Eine ist ein durch Biss von Tier zu Tier übertragbarer Gesichtstumor, der die sehr beisswütigen Tasmanischen Teufel plagt und sogar ihr Überleben als Spezies bedroht. Die zweite Ausnahme ist ein bei Hunden verbreiteter Tumor der Geschlechtsteile, der bei der Kopulation übertragen wird. Genaue Analysen der Tumorzellen ergaben, dass er erstmals vor 11 000 Jahren in einem Hund entstand, der einem Husky geähnelt haben muss. Während Krebszellen normalerweise nur einige tausend Mutationen in ihrem Genom tragen, bringt es der Krebs aus der Steinzeit auf zwei Millionen Mutationen, die sich seitdem angesammelt haben. Die Untersuchungen ergaben, dass sich die Krankheit zunächst in einer genetisch eng verwandten lokalen Population hielt und sich erst seit ungefähr 500 Jahren über alle Kontinente verbreitet hat.[17]

Als Raubtiere tendieren wir natürlich dazu, den Tod unserer Beute weniger feinfühlig abzugrenzen. Ist das Steak erst einmal auf dem Tisch, so ist die Kuh jedenfalls eindeutig tot. Der Tod wird gleichgesetzt mit der irreversiblen Zerlegung des Körpers. Soweit zu den vielzelligen Tieren. Bei Einzellern sieht die Sache etwas anders aus, denn diese vermehren sich in der Regel durch Teilung. Hiervon zu unterscheiden ist übrigens die Knospung, wie sie etwa bei Zellen von Hefepilzen wie der Bäcker- bzw. Bierhefe vorkommt. Bei Hefen lässt sich eindeutig zwischen den neu ausgesprossenen Zellen und der alten Mutterzelle unterscheiden. Hefezellen haben tatsächlich eine begrenzte Lebenszeit von nur etwa einer Woche. Weil sie mit den Menschen durchaus wichtige, für die Alterung relevante Gene und Signalwege gemeinsam haben und leicht zu handhaben sind, werden sie auch häufig in Grundlagenforschungen zur Zellalterung eingesetzt.

Ein Todesfall und keine Leiche

Bakterien, Archaeen (Prokaryoten) und viele andere Mikroorganismen teilen sich am Ende ihres Lebens. Sie existieren bei gleicher Genausstattung danach in Form ihrer beiden Tochterzellen weiter. Dieser Vermehrungsprozess ist also nicht mit den ebenfalls schon bei Prokaryoten vorkommenden sexuellen Vorgängen (Konjugation) gekoppelt. Das Charakteristikum geschlechtlicher Vorgänge ist normalerweise eine Mischung und Neuverteilung von Genen zwischen Ei- und Samenzelle. Bei der Konjugation der Prokaryoten handelt es sich um eine einfache Form der geschlechtlichen Fortpflanzung, bei der Gene durch direkten Zellkontakt übertragen werden. Man spricht von Parasexualität. Auch hier kommt es zu einer Rekombination von Genen.

Die ungeschlechtliche Vermehrung durch Zellteilung könnte unter günstigen Lebensbedingungen potenziell bis in alle

Ewigkeit fortgesetzt werden. Solche Lebewesen sterben nur, wenn sie gefressen werden, verhungern oder durch unwirtliche Umweltbedingungen zu Tode kommen. Sie sind potenziell unsterblich. Man bemerkt also: Mikroorganismen altern nicht, denn sonst müsste die Zahl aufeinanderfolgender Teilungen, der Generationen, in irgendeiner Weise begrenzt sein. Wir werden sehen, dass dies einen wichtigen Unterschied zu normalen Körperzellen (somatischen Zellen) in den meisten vielzelligen Organismen ausmacht. Die Betrachtung der Einzeller zeigt uns aber auch, dass potenzielle Unsterblichkeit keineswegs mit ewigem Leben gleichgesetzt werden darf. Die vielen anderen Weisen, auf die ein Organismus sterben kann, werden wir im letzten Kapitel bei der Diskussion der sozialen Auswirkungen potenzieller Unsterblichkeit des Menschen ausführlicher diskutieren. Und natürlich steht es uns frei, die Teilung eines Einzellers schon als sein individuelles Lebensende, seinen Tod, zu definieren, auch wenn dabei anstelle einer Leiche zwei weitgehend identische und quicklebendige Tochterzellen entstehen.

Die Erfindung des natürlichen Todes

Verfolgen wir den Stammbaum der Evolution weiter auf der Suche nach den ersten Lebewesen, die im eigentlichen Sinne altern und sterben. Dabei stoßen wir zunächst auf Spezies (Arten) die man früher als Protisten oder Protozoen (Urtierchen) bezeichnete. Das ist ein bunt zusammengewürfelter Haufen ein- oder wenigzelliger Lebewesen. Da sie keine echte monophyletische (zum selben Stamm gehörende) systematische Einheit bilden, werden sie heute verschiedenen Untergruppen der Eukaryoten (Zellen mit echten Zellkernen) zugerechnet. Auch viele dieser Gruppen, zu denen beispielsweise eukaryotische Einzeller wie Amöben, einzellige Algen und Pantoffeltierchen gehören, kennen die

Vermehrung durch Teilung, sind also potenziell unsterblich. Die nächste Stufe der Organisation sind einfache Zellkolonien, die teilweise auch schon bei Prokaryoten auftreten und die im einfachsten Fall dadurch entstehen, dass die Tochterzellen nach einer Teilung miteinander verklebt bleiben.

Die Evolution verlief auf zellulärer Ebene hin zu immer engerer Kooperation unterschiedlich spezialisierter Zellen. Dabei wurde die Kommunikation immer wichtiger. Zellen können dazu durch dünne Plasmastränge verbunden bleiben oder über ihre Umgebung chemische Signale austauschen. Die Selektion wirkt dann kaum noch auf der Ebene miteinander konkurrierender (und in der Regel genetisch weitgehend einheitlicher) Einzelzellen, sondern auf die Gesamtkolonie, also auf einen einheitlichen Organismus. Besonders gut ist dieser Übergang bei einem Lieblingsorganismus der Zellforscher zu beobachten, dem zellulären Schleimpilz *Dictyostelium discoideum*, der weltweit als Bodenorganismus vorkommt. Seine Zellen leben normalerweise als selbstständig bewegliche Amöben und vermehren sich durch einfache Teilung. In Zeiten knappen Nahrungsangebots aber scheiden sie den Signalstoff cAMP (cyclo-Adenosinmonophosphat) aus und versammeln sich, wo dieser die höchste Konzentration erreicht. Sie differenzieren sich daraufhin und bilden einen komplexen mehrzelligen Organismus mit einem Stiel und einem Fruchtkörper, aus dem schließlich Sporen entlassen werden, die für eine Chance zur Weiterverbreitung sorgen. Aus Sicht der darwinschen Evolution besonders bemerkenswert: Die Zellen, die den Stiel gebildet haben, sterben nach der Verbreitung der Sporen ab. Sie wurden also für das Überleben der Art geopfert oder haben sich selbst geopfert, wie auch immer man es bezeichnen will.

Schon bei Schwämmen beobachtet man unterschiedliche Zypen von Zellen, die auf Nahrungserwerb, Atmung (Kragengeißelzellen) oder Skelettaufbau spezialisiert sind. Sie organisieren

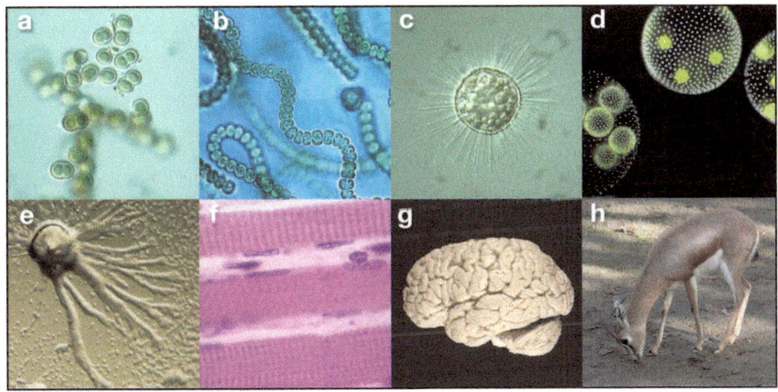

1-06

Von Bakterien zu Organismen. Das Wachsen der Komplexität von einfachen Prokaryoten über Zellkolonien hin zu vielzelligen Lebensformen (Metazoen) stellte die Signalnetzwerke für die intra- und interzelluläre Kommunikation vor immer umfassendere Aufgaben. **a** Cyanobakterium *Gloeocapsa*, **b** koloniebildende Cyanobakterien, **c** eukaryotische Zelle (*Acanthocystis turfacea*), **d** Grünalge *Volvox*, **e** zellulärer Schleimpilz (*Dictyostelium*), **f** Gewebe (Muskel), **g** Organ (Gehirn), **h** Organismus.

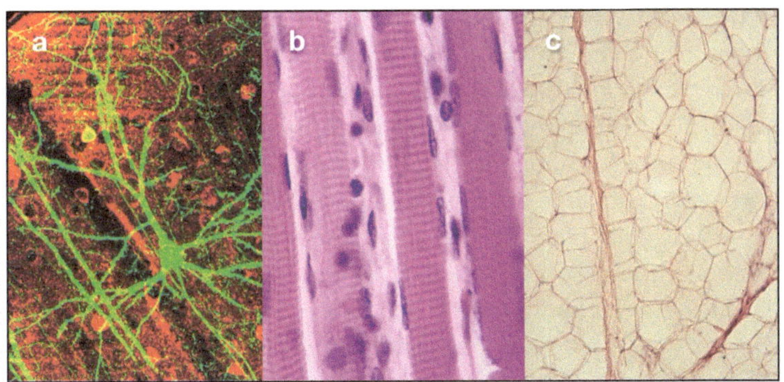

1-07

Spezialisierte Zell- und Gewebetypen. Embryonale menschliche Zellen bilden nach ihrer Differenzierung über zweihundert verschiedene Gewebetypen, die sich morphologisch stark unterscheiden können. (Beispiele: **a** Nervenzellen, **b** Muskelzellen, **c** Bindegewebszellen).

sich sogar selbst wieder zu ihrer dreidimensionalen Struktur, wenn man die Zellen voneinander trennt, indem man sie etwa durch ein Sieb presst. Wieder nimmt nur ein kleiner Teil von ihnen an der Fortpflanzung durch Knospung oder durch Bildung von Ei- und Samenzellen teil.

Die besonders für ihren ästhetischen Reiz bekannte Grünalge *Volvox* (▶ Abbildung 1-06d) kommt in nährstoffreichem Süßwasser vor. Sie ist ebenfalls eine Spezies, deren Zellen Spezialisierungen zeigen und bei der sich nicht mehr alle Zelllinien weitervermehren. Eine ausgewachsene *Volvox* bildet eine gallertgefüllte Hohlkugel mit bis zu einem Millimeter Durchmesser und hunderten oder tausenden von Einzelzellen, die über Plasmafäden miteinander verbunden sein können. Diese sind am vorderen Pol etwas kleiner und dienen der Photosynthese, der Fortbewegung durch Geißeln und der Abscheidung der extrazellulären Gallerte. Am hinteren Pol finden sich die etwas größeren Gonoiden. Diese Fortpflanzungszellen können durch mehrfache mitotische Teilung embryonale Tochterkugeln bilden, die dann durch Umstülpen zu funktionsfähigen *Volvox*-Kugeln werden. Bis zum Absterben der Mutterkolonie verbleiben sie in deren Inneren. Auch hier finden wir also Zellen, die nicht an der Fortpflanzung teilnehmen und als „Leiche" enden. Alternativ kann sich *Volvox* auch durch sexuelle Vorgänge mit meiotischer Teilung von Samen- und Eizellen vermehren, die in unserem Zusammenhang nur am Rande von Interesse sind.

Die Entwicklung führt also über Zellkolonien schließlich weiter zur Ausbildung einfacher vielzelliger Organismen und Geweben aus unterschiedlich spezialisierten Zelltypen (▶ Abbildung 1-07). Bei höher entwickelten Organismen können Zellen sogar durch äußere Signale[18] aktiv in die Selbstvernichtung (Apoptose) getrieben werden, wenn die Gefahr besteht, dass sie nicht mehr im Sinne des Gesamtorganismus funktionieren.

Somatisches Gewebe und Keimbahn

Mit den organisatorischen Fortschritten und der unterschiedlichen Differenzierung sowie der Entwicklung der sexuellen Vermehrung tritt erstmals auch der Tod der somatischen Teile des Körpers in die Welt (▶ Disposable-Soma-Theorie, Seite 93). Dies geschah offensichtlich in einer frühen Phase der Entwicklung vielzelliger Tiere (Metazoen). Heutige Süßwasserpolypen (*Hydra*) etwa, von denen man annimmt, dass sie frühen Vertretern dieser Gruppe ähneln, scheinen noch nicht zu al-

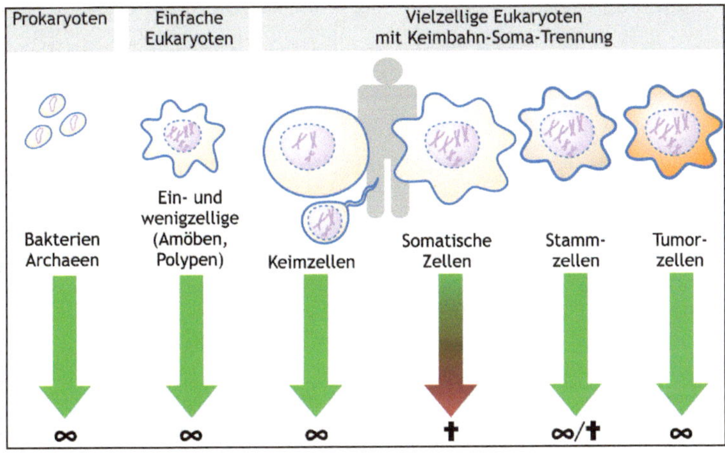

1-08

Sterblich oder unsterblich? Einfache Arten weisen noch keine Differenzierung in somatische Zellen (Körperzellen) und Keimbahn auf. Ihre individuelle Existenz endet nicht immer mit dem Tod, sondern häufig durch Teilung in Tochterzellen. Ab einer gewissen Organisationsstufe der Vielzeller (Metazoen) sterben die somatischen Zellen. Unsterblichkeit besitzen aber Keimzellen und manche Arten von Stammzellen, die in Geweben für Reparaturprozesse bereitstehen. Wenn somatische Zellen unsterblich werden, können sie zu Tumorzellen mutieren, wenn sie nicht mehr auf Regulationssignale zur Kontrolle der Teilung ansprechen.

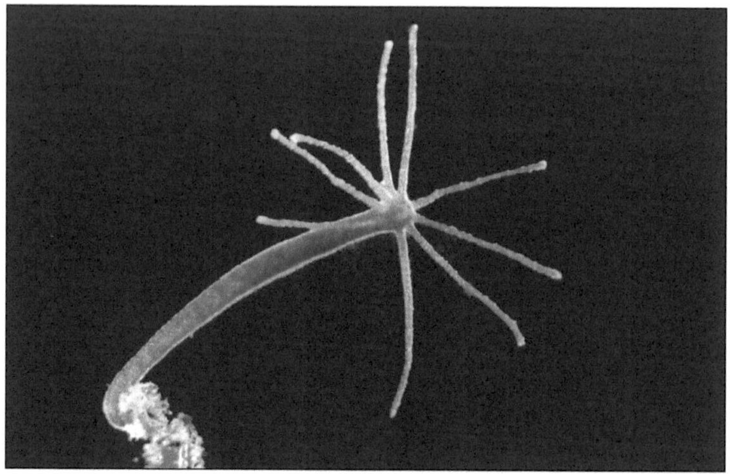

1-09

Süßwasserpolyp. „Ewig" lebender Beweis für die Alterslosigkeit einfacher vielzelliger Organismen sind die Süßwasserpolypen (*Hydra*).[19] Ihre Stammzellen können sich ähnlich wie Keimzellen unbegrenzt teilen, ohne zu vergreisen. Sie können sich in beliebige Gewebe differenzieren und ersetzen beschädigte Zellen binnen weniger Tage. Neue Studien zeigen, dass in Hydra-Stammzellen dieselben Gene aktiviert werden, die auch bei besonders alt werdenden Menschenpopulationen überdurchschnittlich aktiv sind. Manche Forscher glauben, dass man die Alterung von Menschen durch Manipulation dieser Gene verlangsamen könnte.

1-10

Alterung im Stammbaum der Organismen. In einer im Jahr 2014 publizierten bahnbrechenden Studie[20] ermittelten Wissenschaftler Demographiekurven zu 46 verschiedenen Organismen. Untersucht wurde der Verlauf der relativen Sterblichkeit (rot) und Fruchtbarkeit (blau) als Funktionen von Erwachsenenstadium bis zu einem Alter, wenn nur noch 5 Prozent der erwachsenen Individuen am Leben sind. Die vertikalen Skalen sind auf ihre Mittelwerte normiert, die logarithmisch dargestellten Überlebensraten sind als farbige Flächen wiedergegeben. Wie sich zeigte, haben die Parameter in der Natur nur selten einen Verlauf, wie wir ihn bei Menschen kennen (Bild: Jones et al., angepasst).

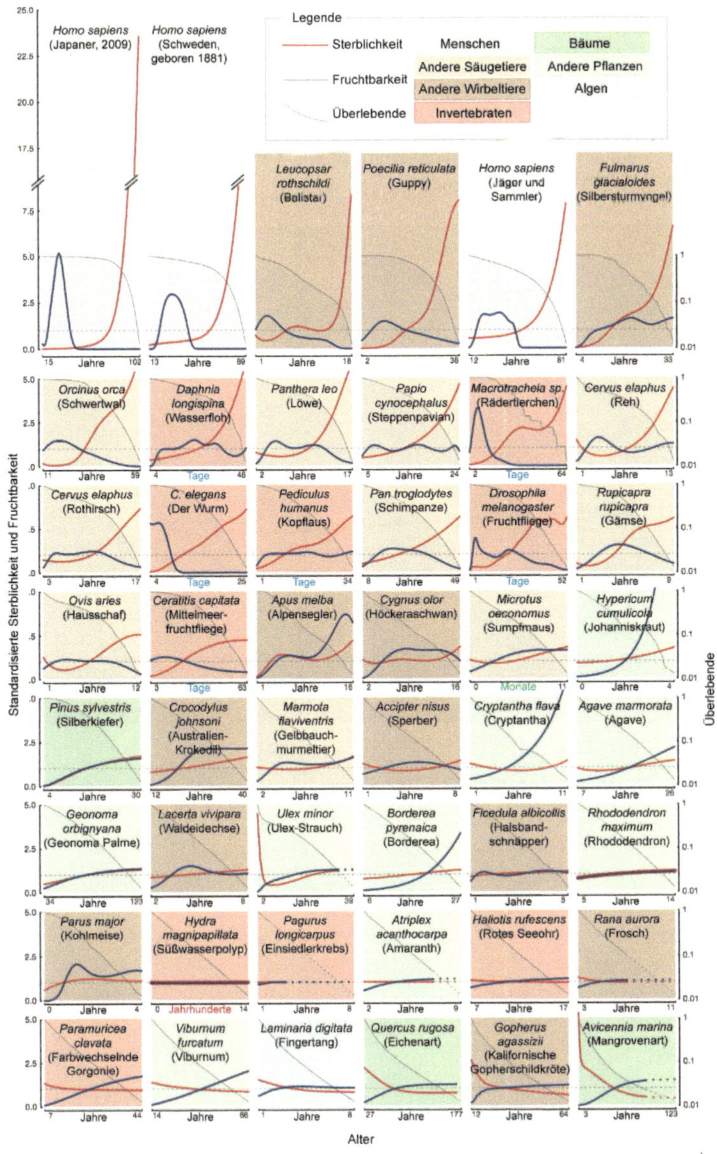
Legende
Sterblichkeit
Fruchtbarkeit
Überlebende
Menschen
Andere Säugetiere
Andere Wirbeltiere
Invertebraten
Bäume
Andere Pflanzen
Algen
Homo sapiens (Japaner, 2009)
Homo sapiens (Schweden, geboren 1881)
Leucopsar rothschildi (Balistar)
Poecilia reticulata (Guppy)
Homo sapiens (Jäger und Sammler)
Fulmarus glacialoides (Silbersturmvogel)
Orcinus orca (Schwertwal)
Daphnia longispina (Wasserfloh)
Panthera leo (Löwe)
Papio cynocephalus (Steppenpavian)
Macrotrachela sp. (Rädertierchen)
Cervus elaphus (Reh)
Cervus elaphus (Rothirsch)
C. elegans (Der Wurm)
Pediculus humanus (Kopflaus)
Pan troglodytes (Schimpanze)
Drosophila melanogaster (Fruchtfliege)
Rupicapra rupicapra (Gämse)
Ovis aries (Hausschaf)
Ceratitis capitata (Mittelmeer-fruchtfliege)
Apus melba (Alpensegler)
Cygnus olor (Höckeraschwan)
Microtus oeconomus (Sumpfmaus)
Hypericum cumulicola (Johanniskraut)
Pinus sylvestris (Silberkiefer)
Crocodylus johnsoni (Australien-Krokodil)
Marmota flaviventris (Gelbbauch-murmeltier)
Accipiter nisus (Sperber)
Cryptantha flava (Cryptantha)
Agave marmorata (Agave)
Geonoma orbignyana (Geonoma Palme)
Lacerta vivipara (Waldeidechse)
Ulex minor (Ulex-Strauch)
Borderea pyrenaica (Borderea)
Ficedula albicollis (Halsband-schnäpper)
Rhododendron maximum (Rhododendron)
Parus major (Kohlmeise)
Hydra magnipapillata (Süßwasserpolyp)
Pagurus longicarpus (Einsiedlerkrebs)
Atriplex acanthocarpa (Amaranth)
Haliotis rufescens (Rotes Seeohr)
Rana aurora (Frosch)
Paramuricea clavata (Farbwechselnde Gorgonie)
Viburnum furcatum (Viburnum)
Laminaria digitata (Fingertang)
Quercus rugosa (Eichenart)
Gopherus agassizii (Kalifornische Gopherschildkröte)
Avicennia marina (Mangrovenart)
Jahre
Tage
Monate
Jahrhunderte
Standardisierte Sterblichkeit und Fruchtbarkeit
Überlebende
Alter

tern (▶ Abbildung 1-09). Man hat berechnet, dass sie durchschnittlich nach etwa 1400 Jahren gefressen sind.

Auf dem Menschen hingegen liegt Fluch und Segen seiner langen Evolution hin zur Komplexität. Natürlich haben alle heute lebenden Organismen eine gleich lange Evolution hinter sich. Ihre Wege verzweigten sich nur irgendwann, sie passten

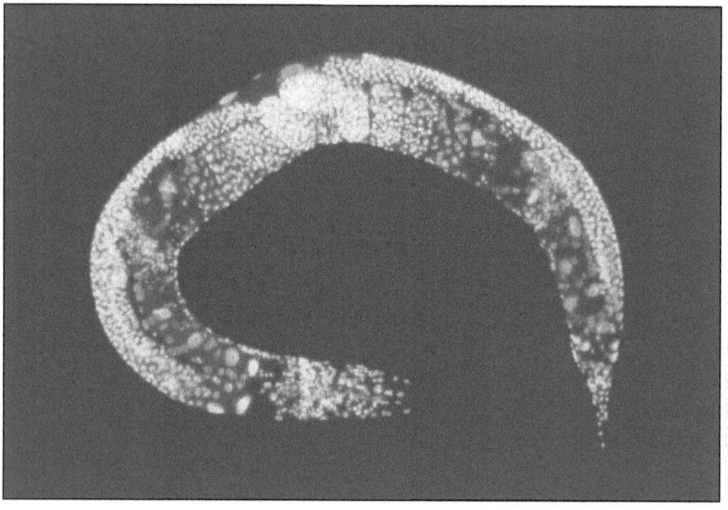

1-11

Arbeitspferde der Alterungsforscher. Traditionell arbeiten Alterungsforscher am liebsten mit dem einfachen Fadenwurm *Caenorhabditis elegans*, einem Nematoden. Liebevoll nennen sie das nur etwa 1 Millimeter lange Tier einfach „the worm". Er hat eine vergleichsweise geringe Generationszeit, ist leicht zu halten und transparent. Letzteres erleichtert Versuche mit gentechnisch eingebrachten Fluoreszenzmarkern. Daneben werden häufig Bierhefen (*Saccharomyces cerevisiae*), Fruchtfliegen (*Drosophila melanogaster*), Mäuse (*Mus musculus*) und Ratten (*Rattus*) eingesetzt. Auch Zellkulturen werden immer mehr verwendet und sind oft die einzige Möglichkeit, Tests zu den Auswirkungen möglicher Anti-Aging-Therapien auf Menschen überhaupt durchzuführen zu können und dabei in realistischer Zeit zu Ergebnissen zu gelangen.

sich ihrer jeweiligen Umgebung immer besser an und nutzten entstehende Gelegenheiten. Die Fortschritte bei der Steuerung der Embryogenese seit dem späten Präkambrium erlaubten die Nutzung immer spezifischerer ökologischer Nischen durch weitergehende Spezialisierung der Körperbaumerkmale und der Lebensweisen.

1-12
Eine Qualle ewiger Jugend. Auch von der Qualle *Turritopsis nutricula* glaubt man, dass sie keine begrenzte Lebenszeit besitzt.[21] Sie hat die Fähigkeit, sich nach gewisser Zeit wieder zu entdifferenzieren und danach ihren Körper erneut aufzubauen.

Durch Schluss von unserer Spezies auf andere wurde lange als selbstverständlich angenommen, dass Evolution stets dazu führt, dass Organismen nach Erreichen des ausgewachsenen Zustandes die höchste Fruchtbarkeit haben. Mit zunehmendem Alter sollte diese dann nachlassen und die Sterblichkeit zunehmen. Unter diesen Umständen, so nahm man an, könne sich eine Spezies durch Mutation und Selektion am besten neuen Anforderungen anpassen. Tatsächlich aber ist dieses einfache Muster längst nicht bei jeder Art zu beobachten. Dies zeigt eine 2014 in *Nature* veröffentlichte Studie an 46 Arten aus dem ganzen Spektrum der Vielzeller (▶ Abbildung 1-10).[20] Bei kurz- wie langlebigen Arten fand sich ein buntes Gemisch von Fällen konstanter, abfallender, ansteigender oder sonst irgendwie variierender Sterblichkeit und Fruchtbarkeit. Wir werden darauf nochmals bei der Besprechung der Zellalterung zurückkommen. Fürs Erste wollen wir daraus nur schließen, dass wir von einem erschöpfenden Verständnis der Evolution dieser Vorgänge noch weit entfernt sind.

Aber ist die Komplexität bereits das Todesurteil im wahrsten Sinne des Wortes? Können so komplexe Gewebe, wie sie bei höheren Vielzellern vorliegen, grundsätzlich nur neu aufgebaut, aber nicht beliebig lange aufrechterhalten werden? Ist regelmäßiger Neuaufbau unserer Körperstrukturen in Form neuer Generationen[22] wirklich notwendig oder nur die Folge zufälliger Entwicklungen? Wir versuchen im Folgenden, uns dieser Fragestellung zu nähern.

Ist Altern wirklich unvermeidlich?

Altern wird auch heute noch von vielen Menschen, und zwar selbst von zahlreichen renommierten Wissenschaftlern, als zumindest für die menschliche Spezies unvermeidlicher, natürlicher Vorgang gesehen. Besonders ausgeprägt sind die Vorbehalte gegenüber der Idee, dass Alterung rückgängig gemacht werden könnte. Dies ist unter anderem eine Folge der in der zweiten Hälfte des 20. Jahrhunderts vorherrschenden Lehrmeinung, dass altersbedingte Krankheiten eine Folge von Mutationen in der mitochondrialen DNA seien – und

Mutationen lassen sich nun einmal nicht so einfach rückgängig machen.

Bemerkenswert ist aber, dass diese Einschätzung auf sehr dünnem Eis ruht. Bis dato existiert keine breit anerkannte Theorie, welche die Ursachen und Mechanismen von Alterungsprozessen einheitlich erklären könnte. Immerhin glaubt man zu wissen, dass etwa 25–30 Prozent der Variation des Alterns bei Menschen genetisch festgelegt sind.[23] Auch dass die typische Lebenserwartung verschiedener Vielzeller sich so krass unterscheidet, weist auf eine wie auch immer geartete genetische Komponente des Alterungsprozesses hin. Vergleicht man etwa nur 3 Tage lebende Bauchhärlinge (*Gastrotricha*) mit über 500 Jahre alt werdenden isländischen Muscheln der Spezies *Arctica islandica*[24]), so liegt dazwischen ein Faktor von 10 000. Bezieht man auch Pflanzen hierbei ein, kommt man sogar auf einen Faktor von über 200 000. Dies spricht deutlich gegen eine feste, naturgesetzliche Begrenzung der möglichen Lebenszeit. Zellen in analogen Geweben verschiedener Tiere etwa sind sich sehr ähnlich – viel ähnlicher übrigens als etwa unterschiedlich spezialisierte Zellen in einem einzelnen Tier. Wie sollte es möglich sein, dass diese so unterschiedlich schnell altern (▸ Abbildung 1-13), wenn nur statistisch eintretende Mutationen oder eine Anhäufung von Fehlern dafür verantwortlich wären? Stellen Sie sich

1-13

Lebensdauer von Tieren. Obwohl funktional analoge Zellen von Tieren sehr ähnlich aufgebaut sind, zeigen sie dramatische Unterschiede, die sich weder mit der Größe noch mit der Stoffwechselrate gut erklären lassen. Nimmt man Pflanzen hinzu, ist die Bandbreite der individuellen Lebenszeit noch deutlich größer.

vor, sie kaufen zwei nagelneue Autos. Beide haben einen sehr ähnlichen Motor und scheinen im Prinzip gleich zu funktionieren. Sie sind, abgesehen von ihrem Markenzeichen, kaum voneinander zu unterscheiden. Was würden Sie wohl denken, wenn Ihnen nun der eine Verkäufer eine 30-Jahres-Garantie anbietet und der andere Sie ehrlicherweise darauf hinweist, dass Sie jeden Tag ein neues Auto kaufen müssen, weil es abgenutzt ist? Wohl jeder würde vermuten, dass mit den Wegwerfautos etwas schiefläuft. Und nicht nur ein wenig schief, sondern grundlegend und auf geradezu groteske Weise. Haben sie kein Motoröl? Gibt es keinen Kühler? Bei den nahezu identischen zelluläre Maschinen besteht genau ein solcher absurder Unterschied. Und wir sollten nicht ruhen, bis wir herausgefunden haben, was dahintersteckt! Wenn ein Organismus 200 000 Mal länger funktionieren kann als ein anderer, warum dann nicht gleich zwei Millionen Mal oder 20 Millionen Mal? Könnten wir unsere Körper eventuell wie gut gepflegte Oldtimer für immer betreiben, solange wir sie vorsichtig fahren und lernen, Ersatzteile herzustellen?

Hungern hält jung

Seit 1935 ist bekannt, dass Organismen unter Bedingungen lebenslang stark verminderter Kalorienzufuhr (CR, calorie restriction, *low-calorie diet*) bei gleichzeitig ausgewogener Ernährung langsamer wachsen und auch langsamer altern.[25]

Der Körper scheint dabei regelrecht in einen „*protected mode*" zu schalten. Inzwischen wurde dieser Effekt für zahlreiche verschiedene Spezies aus dem gesamten Tierreich von Fadenwürmern über Nagetiere bis hin zu Primaten nachgewiesen. Man fand heraus, dass dabei nicht nur die durchschnittliche Lebenszeit ansteigt, sondern dass auch altersbedingte Krankheiten später einsetzen. Allerdings ist nicht klar, ob damit außer der durchschnittlichen Lebenszeit bei allen Organismen auch die maximal erreichbare Lebenszeit ansteigt. Noch immer ist auch unklar, ob es sich dabei evolutionär gesehen um einen Nebeneffekt handelt oder ob die Vorteile von CR aufgrund eines spezifischen Evolutionsvorteils entstanden sind. Neben den lebensverlängernden Wirkungen auf Labortiere hat der chronische Nahrungsentzug nämlich auch nachteilige Folgen. So können diese Tiere leichter an Unterkühlung sterben, sie haben trotz höherer Ausdauer eine verringerte Sprintleistung, die Wundheilung ist verzögert und die Anfälligkeit für Infektionskrankheiten nimmt zu. Der evolutionäre Vorteil relativiert sich vor diesem Hintergrund in der freien Natur. Allerdings hat sich auch gezeigt, dass Nagetiere unter der Bedingung von CR auf viele Toxine weniger empfindlich reagieren. Vielleicht liegt genau darin der entscheidende Vorteil, denn in Zeiten des Nahrungsmangels müssen Tiere sich des öfteren auf potenziell gefährlichere Nahrung umstellen, die sie sonst nicht zu sich nehmen würden. Wir wissen es noch nicht.

Die Forschungen der letzten Jahrzehnte brachten massive Fortschritte im Verständnis biochemischer Zusammenhänge, von denen zahlreiche auch mit Alterungsprozessen in Beziehung stehen. Wir verstehen viele dieser Vorgänge nun auf molekularer Ebene. Damit lassen sich auch immer detailliertere Experimente anstellen, die Alterungsvorgänge direkt zu beeinflussen suchen. Man arbeitet hauptsächlich mit Modellorganismen wie Hefezellen (*Saccharomyces cerevisiae*), dem vorstehend erwähnten Fadenwurm (*Caenorhabditis elegans*), Fruchtfliegen (*Drosophila melanogaster*), Mäusen (*Mus musculus*) und menschlichen Zellkulturen.

Aufgrund der strengen ethischen Beschränkungen bei Experimenten an gesunden Menschen gibt es nur wenige klinische Versuche an Freiwilligen. Schließlich gilt Altern (noch) nicht als Krankheit. Studien beziehen sich daher meist primär auf andere therapeutische Wirkungen von Substanzen, die als Nebenwirkung auch die Alterung beeinflussen.

Trotz aller Fortschritte sind unsere Kenntnisse zum Teil aus solchen Gründen noch fragmentarisch. Ein wenig ist es, als könnten wir durch wenige kleine Fenster in ein Haus blicken und müssten daraus erschließen, was darin genau vor sich geht.

Eines aber kann man schon heute sagen: Alterungsvorgänge sind kein isoliertes Phänomen, sondern über zelluläre Steuerungsmechanismen dicht vernetzt mit den meisten anderen biochemischen Prozessen. So sind etwa der zelluläre Energiestoffwechsel, die inter- und intrazelluläre Signalübertragung, die Apoptose und die DNA-Replikation damit eng verzahnt.

Wie eng diese Zusammenhänge sind, zeigt sich daran, dass Methoden zur Verlängerung der Lebenserwartung praktisch immer auch gleichzeitig so verschiedene Krankheiten zurückdrängen wie Alzheimer, Arteriosklerose, Muskelschwund, Entzündungsreaktionen, Insulinresistenz und Krebs, die man im Volksmund als „Alterserscheinungen" bezeichnet. Wir werden im nächsten Kapitel auf einige dieser Veränderungen eingehen. Gerade die Vermeidung oder Verschiebung altersbedingter Krankheiten ist ein zentrales Ziel der Alterungsforschung. Denn es geht keineswegs nur darum, Menschen hohen Alters noch einige zusätzliche Jahre eines oft nicht mehr als lebenswert empfundenen Daseins zu verschaffen. Die bisherigen Ergebnisse legen nahe: Es ist durchaus keine unerreichbare Utopie, unser Leben um viele vitale Jahre oder sogar Jahrzehnte zu verlängern.

Und Altern ist doch eine Krankheit ...

Altern von Lebewesen wird definiert als der allmähliche Rückgang der Funktion mit der Zeit. Oft wird auch zurückgehende Fruchtbarkeit zur Definition herangezogen, was jedoch in dieser allgemeinen Formulierung nicht gültig sein kann (▶ Abbildung 1-10). Das besagt natürlich nichts über die dahinter liegenden Ursachen und schon gar nichts darüber, ob diese in jedem Fall unvermeidlich sind.

Populäre Publikationen, insbesondere zur Bewerbung von allerlei Verschönerungsmitteln, unterscheiden oft zwischen primärer und sekundärer Alterung. Diese Einteilung geht davon aus, dass es eine Komponente der Alterung gibt, die primär genetisch bestimmt ist und unbeirrbar wie ein Uhrwerk abläuft. Der offensichtliche Einfluss von Faktoren wie Schlafentzug, Rauchen oder Übergewicht auf den körperlichen Zustand wird sekundäres Altern genannt und als einzig beeinflussbare Komponente dargestellt. Nach allem, was wir wissenschaftlich über den Alterungsprozess wissen, ist diese Einteilung zumindest eine übermäßige Vereinfachung.

Wir werden deshalb in Kapitel 3 eine etwas differenziertere Einteilung verwenden, um uns einen Überblick über die wichtigsten Theorien zur Alterung zu verschaffen und auch Querverbindungen zwischen den Mechanismen zu erkennen. Alterung ist ein Vorgang, der zunächst auf zellulärer Ebene abläuft und erst sekundär ganze Organe in Mitleidenschaft zieht. An organischen (Herz, Gehirn, Haut) und an systemischen (Diabetes, Bluthochdruck) Fehlfunktionen treten die ansonsten schleichenden Veränderungen am offensichtlichsten zutage. Allerdings korreliert das rein chronologische Alter nicht sehr stark mit dem körperlichen Zustand eines Menschen. Offenbar spielen die in-

Wisenschaften vom Altern

Gerontologie (gr. *géron*, Greis und *lógos*, Lehre) Wissenschaft vom Altern der Menschen

Biogerontologie (gr. *bios*, Leben) Wissenschaft der Ursachen von Alterung bei Einzelzellen und Organismen

Geriatrie (gr. *géron*, Greis und *iatreia*, Heilkunde) Altersheilkunde

Typische Alterserkrankungen des Menschen

Altersdepression	grauer Star
Arterienverschluss (AVK)	Herzinfarkt
Arteriosklerose	Krebs
Arthrose	Osteoporose
Demenz	Parkinson-Krankheit
Diabetes mellitus	Schlaganfall

dividuellen Gene, Umwelt und Ernährung sowie körperliche Aktivität ebenfalls eine große Rolle. Bisher gibt es keine allgemein anwendbare Methode, den biologischen Alterungszustand eines Organismus zu bestimmen. Gegenwärtig wird untersucht, ob die im Laufe des Lebens erworbenen epigenetischen Veränderungen an der DNA hierfür geeignet sind. Was man gerne hätte, wäre eine Art Fieberthermometer, das man für einige Minuten in den Mund steckt und auf dem dann das biologische Alter ablesbar wäre. Ein solches unbestechliches Idealinstrument wäre ein wahrer Segen für die Alterungsforschung, denn es könnte die Effekte versuchter Eingriffe in den Alterungsmechanismus sofort anzeigen, ohne dass man hierfür nahezu unbezahlbare generationenlange Studien mit tausenden von Individuen durchführen muss – und deren Ergebnisse man im Falle von Versuchen an Menschen selbst überhaupt nicht mehr erlebt. Das Mittel, das der gesuchten unbestechlichen Alterungsuhr gegenwärtig am nächsten kommt, ist die Messung der Telomerlänge (▶ Seite 115).

Dass aber die Alterung bei Menschen keineswegs unveränderlich abläuft und mit einer einzelnen Maßzahl ausdrückbar ist, sondern über manche Stellschrauben beeinflusst werden kann, lässt sich am Beispiel der drastischen Hungerdiät (*calorie restriction*, CR) ablesen. Darüber, ob diese Urmethode der Lebensverlängerung auch bei Primaten wirksam ist, waren um 2010 Zweifel aufgekommen.[26] Diese konnten durch neuere Studien ausgeräumt werden.[27] Man kann also davon ausgehen, dass CR bei Organismen aller Art von Einzellern bis zu Primaten ähnlich wirkt. Dieser Nachweis war besonders wichtig, da einige zur Lebensverlängerung vorgeschlagene Mittel darauf abzielen, die Wirkung von CR auch bei normaler Ernährungslage zu simulieren. Man versucht damit also den Zellen vorzugaukeln, es läge eine geringe Nährstoffversorgung vor, um die Stoffwechselwege in ähnlicher Weise zu beeinflusssen (*CR mimetics*).

Es gibt noch eine andere, bereits sehr alte Kategorie von Experimenten, die bei Nagetieren durchgeführt wurden, die Parabiose. Die Methode wurde erstmals von Paul Bert[28] um 1864 beschrieben und 1956 von Clive M. McCay in der Alterungsforschung eingesetzt.[29] Man kann den Standpunkt vertreten, dass sie aus ethischen Gründen besser gar nicht hätte ausgeführt werden sollen, denn sie beruht darauf, dass man die Kreislaufsysteme zweier Tiere operativ verbindet, also eine Art künstlichen siamesischen Zwilling schafft. In jedem Falle aber sind die Ergebnisse spektakulär, die Wissenschaftler um Amy Wagers und Shane Mayack Anfang 2014 veröffentlichten. Sie hatten Kreislaufsysteme verschieden alter Tiere verbunden und nach verjüngenden Effekten am älteren Tier gesucht. Und sie wurden fündig. Genau dieses Experiment hatte McCay bereits 60 Jahre früher in einer seiner letzten Publikationen vorgeschlagen, aber meines Wissens nie finale Ergebnisse veröffentlicht. Nun scheint also bewiesen, dass irgendwelche Faktoren, die mit dem Blut transportiert werden, einen verjüngenden Einfluss auf alternde Zellen ausüben. Publikationen hierzu erschienen in angesehenen Magazinen wie *Nature* und *Cell*.[30, 31] Leider mussten einige der Artikel wegen Hinweisen auf unsaubere Arbeitsweisen zurückgezogen werden. Ob dies bedeutet, dass die Sache tatsächlich überhaupt nicht funktioniert, oder ob die Ergebnisse nur leicht geschönt dargestellt wurden, bleibt zu klären. Es gibt aber sehr starke Hinweise darauf, dass

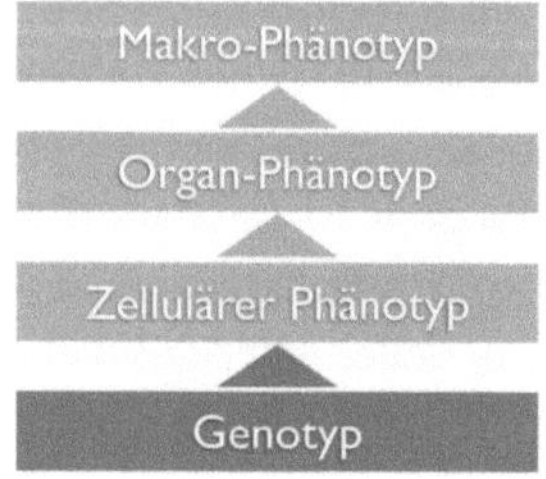

1-14

Verknüpfte Prozesse. Alterung zeigt sich auf der Ebene von Organen und Geweben, aber auch in Änderungen der Genaktivität und zellulärer Stoffwechselprozesse. Das Erscheinungsbild und Verhalten eines Lebewesens wird in der Genetik als Phänotyp bezeichnet. Es wird dem Genotyp gegenübergestellt, der im Individuum vorhandenen Erbinformation. Die Ausprägung eines bestimmten Phänotyps kann durch Umweltfaktoren in einem ebenfalls genetisch festgelegten Ausmaß beeinflusst werden.

hier ein echter Effekt beobachtet wurde[33] und dass dieser sich sogar durch einfache Transfusion von Blutplasma für Menschen nutzen lässt (▸ Seite 134).

Die bisher angedeuteten Erkenntnisse zum Alterungsprozess zeigen eindeutig, dass dabei verknüpfte Prozesse auf verschiedenen Ebenen ablaufen: Organismen altern, wenn ihre Organsysteme und Gewebe sich nicht vollständig regenerieren. Dies wiederum ist die Folge von Veränderungen auf zellulärer Ebene. Die Erbsubstanz von Körperzellen sterblicher Organismen ändert sich von Zellgeneration zu Zellgeneration. Es werden andere Gene abgelesen und damit andere Proteine gebildet (▸ Abbildung 1-14). Der Zellstoffwechsel verändert sich, wenn die Todesuhr tickt. Er beeinflusst und beschränkt die Teilungsfähigkeit normaler Körperzellen und zum Teil sogar die von Stammzellen. Werden Gewebe nicht mehr ausreichend regeneriert, sammeln sich nicht mehr abbaubare Substanzen an, der Stoffwechsel entgleist immer mehr und ganze Zelllinien gehen zu Grunde.

2. Alterskrankheiten und Altern als Krankheit

Bevor wir näher auf die zellulären Alterungsprozesse eingehen, möchte ich die direkt beobachtbaren altersbedingten Veränderungen beim Menschen betrachten.[35] Eigentlich altert der Mensch von Geburt an. Altern im engeren Sinn aber bedeutet eine Abnahme der Funktion eines Organismus. Wie wir im ersten Kapitel gesehen haben, ist es sinnvoll, abnehmende Fertilität nicht mit in die Definition aufzunehmen, sondern als möglichen Nebeneffekt der Alterung zu behandeln (▸ Seite 38). Alterung beginnt bereits kurz nach der Phase des Erwachsenwerdens (Adoleszenz). So wurde etwa ein Rückgang der motorischen Fähigkeiten schon ab dem 24. Lebensjahr nachgewiesen.[36]

Alte Zellen sind optisch meist nicht von jungen zu unterscheiden, sie zeigen sich aber gegenüber Belastungen weniger widerstandsfähig. In den Geweben vieler Organe bewirken gealterte Zellen einen mehr oder weniger ausgeprägten Rückgang der Leistungsfähigkeit und schließlich deren Versagen. Bevor wir uns in Kapitel 3 der eigentlichen Zellalterung widmen, wollen wir die auffälligsten Veränderungen betrachten, die sich an einzelnen Organsystemen des Menschen zeigen. Dies ist insbesondere wichtig, um besser abschätzen zu können, wie realistisch die von verschiedenen Forschern untersuchten zellbiologischen Methoden zur Verlangsamung oder Verhinderung von Alterungsprozessen angesichts eines komplexen Gesamtorganismus überhaupt sein können. Wir wollen herausfinden, was wir uns von diesen Methoden mittelfristig erhoffen können, und welche Veränderungen im Körper möglicherweise selbst bei gestoppter Zellalterung irreversibel wären oder zumindest zusätzliche medizinische Maßnahmen erfordern würden, die heute größtenteils noch nicht verfügbar sind.

2-01

Alterung des Herzens. Ablagerungen von Lipofuszin färben Muskelgewebe alternder Herzen bräunlich dunkel. Das Organ wird steifer und weniger leistungsfähig. Verschluss von Arterien kann durch Infarkt zum Tod oder Vernarben von Teilen des Herzmuskels führen. Auch die Häufigkeit von Herzrhythmusstörungen steigt mit dem Alter an.

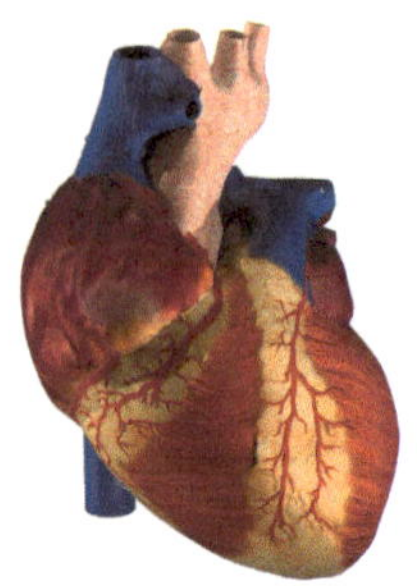

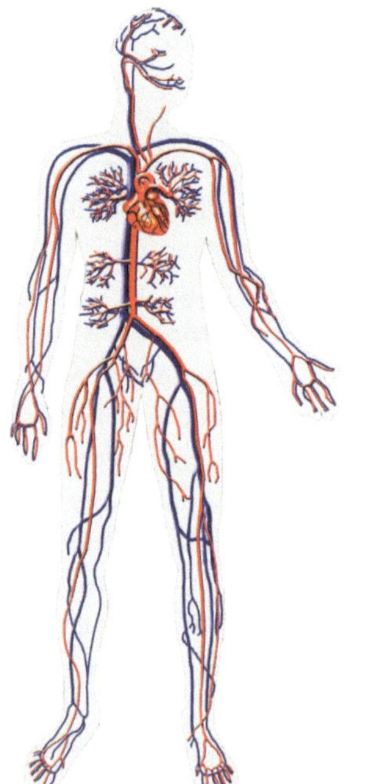

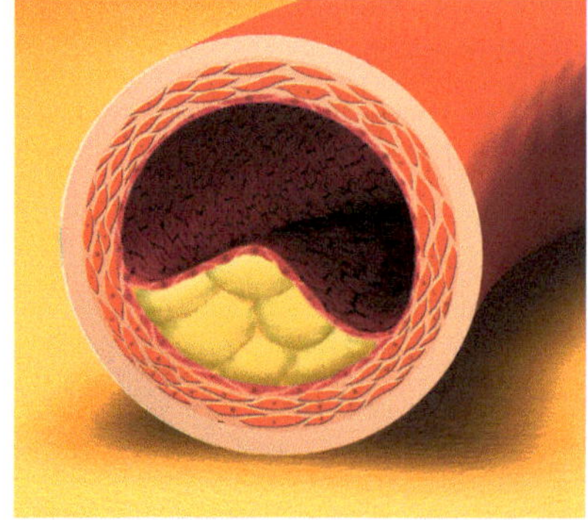

2-02

Alterung des Kreislaufsystems. Arteriosklerose ist heute eine Haupttodesursache in den Industriestaaten. Dabei führen entzündliche Prozesse an den Innenwänden dickerer Arterien zu Einlagerung von Fett und teilweise auch Kalk. Die Wandverdickung führt schließlich zum Gefäßverschluss und Infarkt oder Schlaganfall.

Herz und Kreislaufsystem

Zunächst betrachten wir das Herz, von dessen Funktion wir bekanntermaßen so abhängig sind, dass der Ausfall bereits nach wenigen Minuten tödlich endet, es sei denn, man befindet sich gerade auf einer Intensivstation. Bei Herzmuskelzellen ist zu beobachten, dass sie im Alter größere Mengen des Pigments Lipofuszin anreichern. Es ist auch für die Altersflecken der Haut verantwortlich und tritt außerdem verstärkt in gealterten Nervenzellen auf. Besonders betroffen ist die Netzhaut des Auges. Dort ist Lipofuszin ursächlich an der Entstehung von altersbedingter Makuladegeneration (AMD) beteiligt.[37] Es entsteht bei oxidativem Stress als quervernetztes, nicht weiter abbaubares Agglomerat von Proteinen und Lipidmolekülen. Im Herzmuskel verringert sich außerdem die Anzahl der taktgebenden Zellen, wodurch das Herz häufig etwas langsamer schlägt.

Auch anatomisch zeigen sich Veränderungen. So werden die Herzklappen dicker und steifer. Diese Versteifung ist eine Erscheinung, die wir in zahlreichen anderen Organsystemen ebenfalls finden werden. Die Herzwände verdicken sich, sodass eventuell trotz einer oft zu beobachtenden Vergrößerung insbesondere der linken Herzkammer insgesamt weniger Blut durch die Adern gepumpt wird (▶ Abbildung 2-01). Allerdings ist die Leistung eines gesunden Herzens normalerweise auch im Alter ausreichend, um den Körper unter normalen Umständen zu versorgen, solange keine extremen körperlichen Belastungen abgefordert werden.

Eng mit dem Herzen in Zusammenhang zu sehen ist das Kreislaufsystem, bestehend aus den dickwandigen, vom Herzen wegführenden und unter Druck stehenden Arterien (Schlagadern) und den wesentlich dünnwandigeren Venen, in denen das Blut unter geringem Druck zum Herzen zurückfließt. Beide sind über immer dünner werdende Blutgefäße und bis in den mikroskopischen Bereich der Gewebe verzweigte Kapillarnetze verbunden. Seit Infektionskrankheiten erfolgreich bekämpft werden können, sind Herz- und Kreislauferkrankungen noch vor Krebs weltweit und besonders in den Industrieländern die häufigste Todesursache (▶ Abbildung 1-04).

Die Wände großer Arterien können sich im Alter durch quervernetztes Kollagen und Kalkeinlagerungen stark verdicken und versteifen (Arteriosklerose). Kennzeichen fortgeschrittener Arteriosklerose sind Ablagerungen von Cholesterin, Blutgerinnseln, Bindegewebe und Kalk an den Innenseiten der lebenswichtigen Gefäße (▶ Abbildung 2-02). Dies kann zum oft fatalen Gefäßverschluss führen, der bei rechtzeitiger Behandlung durch Dehnung oder durch Einbringen eines sogenannten Stents, eines gefäßerweiternden Implantats, verhindert werden kann.

Im Gegensatz zu Arterien sind altersbedingte Veränderungen an Venen viel weniger ausgeprägt und bei sehr alten Patienten eher durch die Instabilität der Wände gekennzeichnet.

Blut und Immunsystem

Die Veränderungen des Blutes fallen kaum auf. Mit dem Alter verringert sich der Wassergehalt vieler Gewebe, und auch die Blutmenge geht damit zurück. Qualitativ reduziert sich die Anzahl roter Blutkörperchen leicht und damit der Hämoglobin- und Hämatokritwert. Die Anzahl weißer Blutzellen bleibt etwa konstant, allerdings reduzieren sich die Anzahl und Effektivität der für die Immunabwehr wichtigen Lymphozyten. Im Knochenmark nimmt die Anzahl blutbildender Zellen im Vergleich zu jungen Menschen um bis zu 30 Prozent ab.

Insgesamt ist meist eine Abnahme insbesondere der unspezifischen Immunantwort zu beobachten, die Bildung von Antikörpern ist verringert. Infektionen können in der Folge weniger

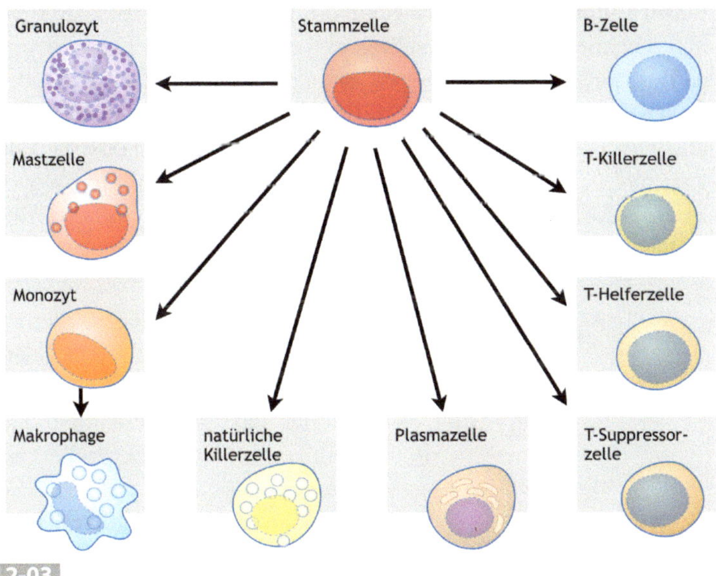

2-03

Alterung des Immunsystems. Die Abwehrmechanismen werden im Alter schwächer und unspezifischer.

effektiv bekämpft werden und eine Immunität gegen Erreger wird schwerer aufgebaut (▶ Abbildung 2-03). Vielfach nehmen aber gleichzeitig Autoimmunkrankheiten zu, das Immunsystem greift dabei körpereigene Zellen an, es verliert offensichtlich an Reaktionsgeschwindigkeit und Zielgenauigkeit.

Nase, Kehlkopf, Bronchien und Lungen

Immunglobulin A im Lungen- und Nasensekret nimmt im Alter ab, was die Gefahr von Virusinfektionen erhöht. Umgekehrt kann sich aufgrund einer Degeneration der Nasenschleimhaut auch eine chronische senile Rhinitis mit übermäßigem Fluss von Nasensekret ausbilden (Alterstropfnase). Im Kehlkopf reduziert sich die Zahl freier Nervenenden und der Hustenreflex wird schwächer. Die Atemwege der Lunge sind mit einem Flimmerepithel aus Cilien tragenden Zellen ausgekleidet, deren Aufgabe es ist, Fremdkörper wie Staub und Pollen aus der Lunge zu transportieren. Ihre Anzahl und Aktivität nimmt mit dem Alter ebenso ab wie die Zahl von Drüsenzellen. Die Anzahl der Lungenbläschen selbst verringert sich im Alter nicht[38], wohl aber büßen sie langsam Elastizität und Funktionsfähigkeit ein. Dies wird von manchen Forschern durch die Quervernetzung von Biomolekülen erklärt. Insgesamt steht einer gealterten Lunge eine geringere funktionsfähige innere Oberfläche zur Verfügung. Eine gleichzeitige Schwächung der Atemmuskulatur und Versteifung der Gefäße verringert zudem den Blutfluss, und der Blutdruck in der Lungenarterie erhöht sich. Besonders im Falle hinzukommender akuter Erkrankungen kann die Lunge den Körper unter Umständen nicht mehr ausreichend mit Sauerstoff versorgen, was in Verbindung mit einer Lungenentzündung oft zum Tode führt (▸ Abbildung 2-04).

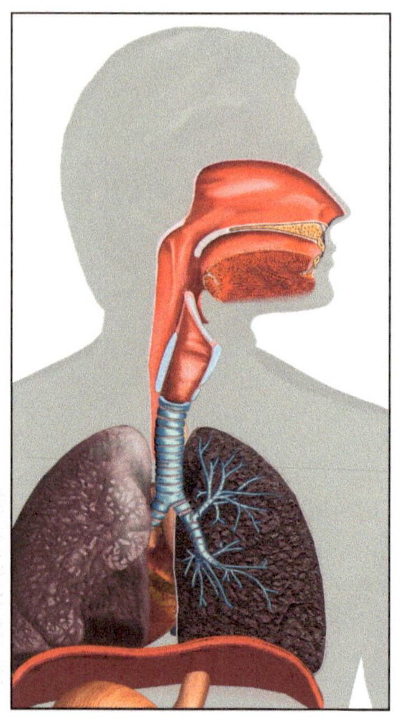

2-04

Alterung der Atemwege. Das gesamte Atmungssystem ist vergleichsweise stark von der Alterung betroffen. Atemwegserkrankungen wie Lungenentzündungen stehen deshalb mit 3,8 Millionen Toten weltweit (Jahr 2010) an vierter Stelle der Todesursachen, selbst wenn man die Sterbefälle durch Tuberkulose und Lungenkrebs nicht hinzuzählt.

Nieren, Blase und Harnleiter

Auch die Wände der Nierengefäße werden im Laufe der Zeit dicker und reduzieren den Durchfluss von etwa 600 ml/min bei einem Menschen mittleren Alters auf ungefähr die Hälfte dieses Wertes im hohen Alter. Dabei schrumpfen die Organe um 20–30 Prozent. Damit einher gehen anatomische Veränderungen wie ein Rückgang der Nephrone (Baueinheiten der Niere) und eine Verdickung der Wände der Nierenkanälchen. Dies führt zu einer langsamen Verminderung der Fähigkeit, Urin auszuscheiden und den Körper zu entgiften. Der GFR-Wert (glomeruläre Filtrationsrate), mit dem die Effektivität der Nierenfunktion beurteilt werden kann, sinkt im Laufe des Lebens bei den meisten Menschen auf etwa die Hälfte. Trotzdem reicht die verbleibende Kapazität im Allgemeinen auch bei alten Menschen aus. Auch die Blase und die ableitenden Harnwege sind von allmählichen Veränderungen betroffen. Wie bei vielen anderen Organen verlieren die Gewebe

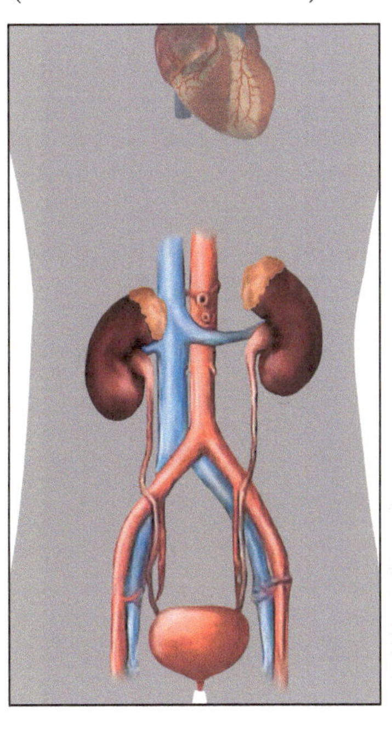

2-05

Alterung von Nieren, Blase und Harnleiter. Die typische Alterserkrankungen Diabetes und Bluthochdruck können die Funktion der Nieren auf lange Sicht beeinträchtigen. Umgekehrt können geschädigte Nieren auch Bluthochdruck erzeugen. Verringerung des Blasenvolumens führt zu häufigerem Harndrang.

Spannkraft und Elastizität. Dadurch kann die Blase alter Menschen im Vergleich zu Menschen mittleren Alters nur noch etwa halb so viel Urin speichern (ca. 250 Milliliter) und oft bleibt die Entleerung unvollständig. Es kommt zu häufigerem Harndrang mit kürzerer Vorwarnzeit und die Gefahr aufsteigender Infektionen erhöht sich (▸ Abbildung 2-05).

Muskulatur und Bänder

Bereits ab dem 24. Lebensjahr kommt es zu einem zunächst moderaten Rückgang der Gesamtleistungsfähigkeit des menschlichen Bewegungsapparats.[39] Zwischen dem 50. und dem 70. Lebensjahr setzt bei den meisten Menschen dann ein immer auffälligerer Rückgang der Muskelmasse (Sarkopenie) und eine Schwächung der Muskelkraft um etwa 1,5 bis 3 Prozent pro Jahr ein (▸ Ab-

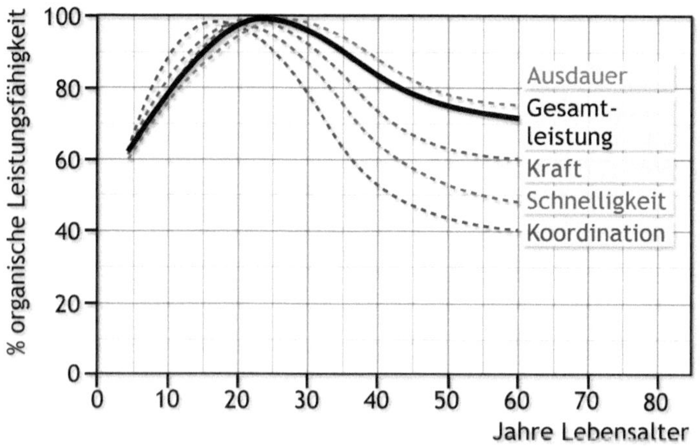

2-06

Alterung von Muskeln und Bändern. Die Kurve zeigt den prinzipiellen Verlauf der Gesamtleistungsfähigkeit und Einzelleistungen des Bewegungsapparats aus sportmedizinischer Sicht.

bildung 2-06). Dies betrifft sowohl glatte wie auch quergestreifte Muskulatur. Neben direkten Ursachen im Bereich der zellulären Energieproduktion, auf die wir im Kapitel 4 über Theorien der Alterung zurückkommen werden, wird der beobachtete Muskelschwund zum Teil auf unzureichende Mengen an Protein in der Ernährung und Bewegungsmangel zurückgeführt. Ein weiterer Anteil erklärt sich aus einem Rückgang eines bestimmten Wachstumshormons, nämlich des IGF-1 (*insulinlike growth factor*, Insulinähnlicher Wachstumsfaktor). Er gehört zu einer Gruppe von Signalsubstanzen zwischen Zellen, die vor allem in der Wachstumsphase von Organismen benötigt werden. Die Zufuhr dieses Hormons für 6 Monate konnte die Effekte der Sarkopenie um einen Betrag reduzieren, der etwa 10–20 Lebensjahren entspricht.[40] Bei alten Menschen führt die Schwächung der kompletten Muskulatur häufiger zu Stürzen, aber auch beispielsweise zu Atmungsproblemen und Verstopfung. Auch Sehnen und Bänder sind von Wasserverlust und Verlust der Elastizität betroffen. Sie tragen zur insgesamt verringerten Beweglichkeit bei.

Knochen und Knorpel

Ab etwa dem 30. Lebensjahr beginnt ein Knochenabbau (Osteolyse) bzw. eine Abnahme der Knochendichte (Osteoporose). Dies ist bei Frauen durch die hormonellen Umstellungen in den Wechseljahren besonders ausgeprägt. Das Gleichgewicht knochenaufbauender Zellen (Osteoblasten) zu knochenabbauenden Zellen (Osteoklasten) verschiebt sich hin zu den knochenabbauenden. In der Folge treten bei Stürzen und sogar spontan bei noch normalen Belastungen schmerzhafte Brüche der Lendenwirbel, der Hüfte oder Oberschenkelknochen auf.

Knorpelgewebe wie die Gleitflächen von Gelenken neigen zu Entwässerung mit assoziiertem Verlust an Elastizität. Ebenso betroffen von Wasserverlust sind die Bandscheiben zwischen den Wirbelkörpern, was sich in Magnetresonanzaufnahmen (MRT) mit sogenannter T_2-gewichteter Aufnahmetechnik, die vor allem die Dichte von Wasserstoffatomen abbildet, durch typische sogenannte „*black discs*" zeigt. Diese Degenerationszeichen sind Vorboten einer fortschreitenden Reduzierung der

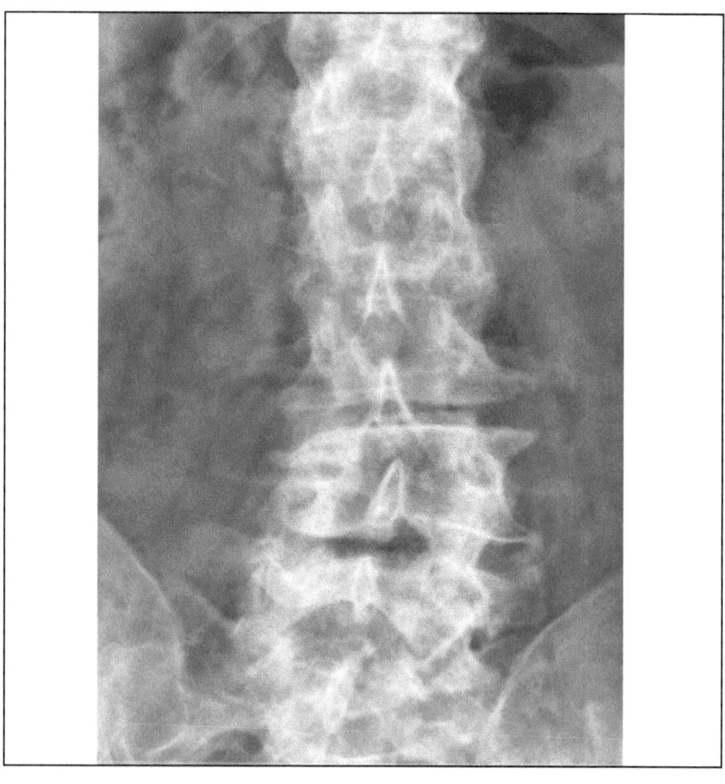

2-07

Alterung von Knochen und Knorpeln. Verformungen und schmerzhafte osteoporotische Brüche, z. B. in Wirbelkörpern, können im fortgeschrittenen Alter schon bei Alltagsbelastungen spontan auftreten.

Bandscheibenhöhe bis hin zur kompletten Auflösung und Verlust der Beweglichkeit der beteiligten Wirbel. Bandscheibengewebe ist kaum regenerationsfähig, da es nur in den Außenbereichen schwach durchblutet wird (▶ Abbildung 2-07).

In der Gesamtbetrachtung des seitlichen (sagittalen) Wirbelsäulenprofils kommt es durch den Höhenverlust der Bandscheiben (und teilweiser Veränderung der Form der Wirbelkörper selbst) zu einer Verkrümmung nach vorne (Kyphose) mit zum Teil ausgeprägten Deformitäten („Witwenbuckel"). Sie können sich so stark auf das Gleichgewicht im Stehen und die Lebensqualität auswirken, dass operative Eingriffe erforderlich werden.

Im Gegensatz zu anderen Knorpelgeweben beginnen die Knorpel der Nase und der Ohren ab etwa dem 45. Lebensjahr erneut zu wachsen. Die sich dadurch verändernden Gesichtsproportionen gehören zu den auffälligsten Merkmalen, an denen wir das Alter von Menschen häufig bereits aus großer Distanz auf wenige Jahre genau einschätzen können.

Verdauungssystem

Die Produktion von Magensäure geht im Alter stark zurück, da die Anzahl der salzsäureabgebenden Zellen der Magenschleimhaut abnimmt. Dies führt unter anderem zu verringerter Aufnahme von Vitaminen der B_{12}-Gruppe (Cobalamine) aus der Nahrung, was für Vegetarier bedenklich sein kann. Insgesamt produziert die sich verdünnende Magenschleimhaut weniger Verdauungsenzyme, jedoch lässt sich kaum eine damit einhergehende Verschlechterung der Verdauung von Fett, Kohlenhydraten und Proteinen nachweisen. Auch der Dünndarm ist eher wenig von der Alterung betroffen[41], allerdings wirkt sich der Rückgang von Pepsin aus dem Magen und von Enzymen der Bauchspeicheldrüse

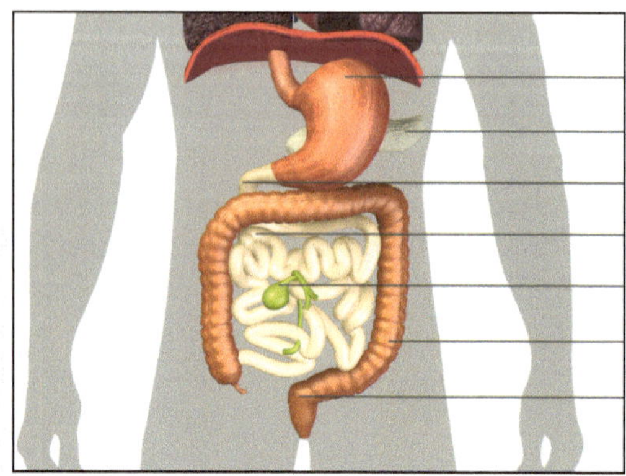

2-08
Alterung des Verdauungssystems. Das Verdauungssystems ist meist nur unspezifisch durch allgemeine Schwächung des Bindegewebes und der Muskulatur beeinträchtigt. Die Funktion bleibt im Wesentlichen bis ins hohe Alter ungestört.

negativ auf die Aufnahme von Eisen, Calcium und Folsäure aus. Im Rahmen des generellen Verlustes an Muskulatur und einer Gewebeversteifung nehmen beim Dickdarm die Peristaltikbewegungen ab, was die Gefahr von Verstopfungen erhöht. Die Schwächung des Bindegewebs kann zu schmerzhaften Ausstülpunken des Enddarms (Hämorrhoiden) führen (▸ Abbildung 2-08).

Die normale Leberfunktion bleibt üblicherweise bis ins hohe Alter unverändert, obwohl sich Blutdurchfluss und Größe des Organs etwas reduzieren können.

Haut, Haare, Nägel

Die Haut macht die vielleicht auffälligsten und tiefgreifendsten altersbedingten Veränderungen durch. So reduziert sich die

Anzahl von Oberhautzellen (Epidermis) mit jedem Lebensjahrzehnt um etwa 10 Prozent. Die Zellen teilen sich langsamer und schuppen leichter ab. Die Epidermis wird dadurch sichtbar dünner. Ein Grund hierfür ist die verschlechterte Ernährungslage der gefäßfreien Oberhaut, denn die in Jugendjahren durch Einstülpungen stark verzahnte sogenannte dermal-epidermale Übergangszone zur Lederhaut (Dermis) verflacht sich zunehmend, und die für den Nährstoffaustausch verfügbare Fläche wird geringer. Dadurch wird die Oberhaut verletzlicher und schält sich leichter ab. Verlust von Kollagen und Feuchtigkeit in der Netzschicht (*Stratum reticulare*) aus festen Kollagenfasern und elastischen Fasern (Elastin) sind ein Charakteristikum gealterter Haut. Diese Schicht in der unteren Dermis ist ausschlaggebend für die Straffheit der Haut. Auch die Funktion von Talg- und Schweißdrüsen geht zurück, und Fettzellen werden kleiner, was zu Schlaffheit und sichtbaren Falten beiträgt. Auch schon lange zurückliegende Schäden durch wiederholte Sonnenbrände zeigen sich immer stärker in Form ledrig aussehender und unregelmäßig pigmentierter Haut mit sichtbaren zerstörten Blutgefäßen.

Das Haupthaar wird oft bereits ab etwa dem dritten Lebensjahrzehnt langsam dünner, und die Bildung von Melaninfarbstoffen (blond: Phäomelanin, dunkel: Eumelanin) in bestimmten Zellen der Haarwurzeln, den Melanozyten, bleibt bei immer mehr Haaren aus. Als Grund wird oft die Abnahme bestimmter Stammzellen der Melanozyten in der Haut angenommen. Auch die im Alter abnehmende Menge des Enzyms Katalase wird als mögliche Ursache für das Ergrauen diskutiert. Das Enzym katalysiert den Abbau des im Stoffwechsel entstehenden Wasserstoffperoxids. Wenn von diesem zu hohe Konzentrationen vorliegen, wird das an der Bildung der Melanine beteiligte Enzym Tyrosinase gehemmt. Unklar bleibt, warum die ebenfalls auf Melanin basierende Färbung dunkler Hauttypen (abgesehen von im Alter ebefalls verstärkt auftretenden lokalen Pigmentstörungen) davon im Wesentlichen unbeeinträchtigt bleibt.

Bei weißen Haaren werden anstelle der Farbstoffe Luftbläschen eingelagert, sodass es durch die Lichtbrechung ähnlich wie Schaum weiß erscheint. Einzelne graue Haare im direkten Sinne gibt es genau genommen nicht, das graue Erscheinungsbild resultiert vielmehr aus einer Mischung noch dunkler und weißer Haare. Dieser Prozess setzt allerdings zu individuell sehr unterschiedlichen Zeitpunkten im Alter von etwa 25 bis 65 Jahren ein und schreitet unterschiedlich schnell fort. Insbesondere bei Männern zieht sich der Haaransatz nach und nach zurück und führt je nach genetischer Disposition bis hin zum kompletten Verlust des Kopfhaares. Frauen sind durch das Hormon Östrogen dagegen weitgehend geschützt. Auch die Körperbehaarung geht mit fortschreitendem Alter oft zurück, allerdings mit bemerkenswerten Ausnahmen. Bei Männern tritt verstärktes Wachstum von Haaren in den Nasenlöchern, in den Ohren, auf den Ohrkrempen und an den Augenbrauen auf. Bei Frauen konzentriert sich das verstärkte Haarwachstum auf Bereiche um die Lippen und am Kinn. Weitere Änderungen treten an Fußnägeln auf, die im hohen Alter langsamer wachsen, sich verdicken und eine gelbliche Färbung annehmen können.

Hormonsystem

Zum Hormonsystem gehören verschiedene Drüsen, von ihnen abgegebene Botensubstanzen (Hormone) und die durch Letztere beeinflussten Zellen. Es dient der Steuerung und Regelung globaler (auf den ganzen Organismus bezogener) oder regionaler Körperfunktionen, wobei der Transport über den Blutkreislauf (endokrin) oder durch Diffusion zu Nachbarzellen (parakrin) erfolgt. Tendenziell verringern Drüsen ihre Funktion mit dem Alter. Es existieren Regelkreise, an denen knapp zehn Arten von Drüsen, mindestens dreißig verschiedene Hormone und hormonähnliche Substanzen sowie eine nicht genau bekannte Zahl von Oberflächenrezeptoren beteiligt sind, über die die Zielzellen reagieren können.

Die Komponenten des Hormonsystems interagieren auf komplexe und zum Teil noch nicht im Detail verstandene Weise. Ihre generelle Beschreibung würde über die Ziele dieses Buches

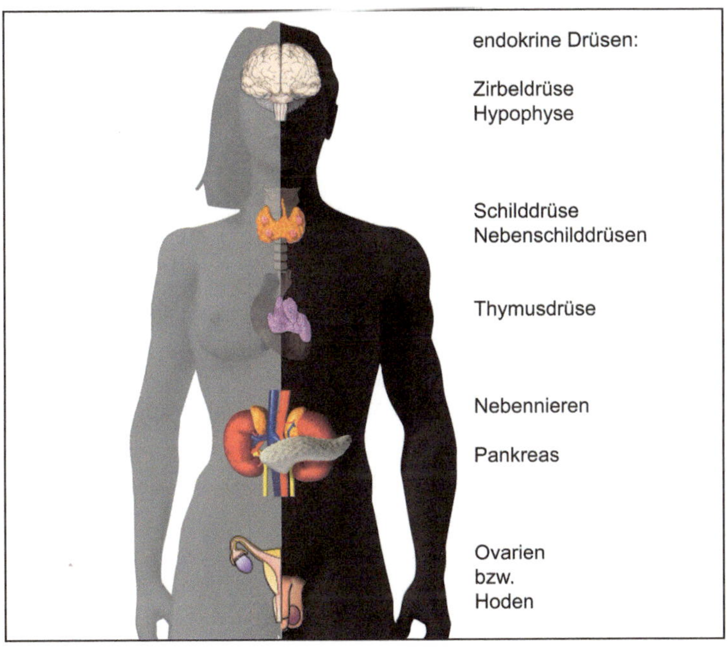

2-09

Alterung des Hormonsystems. Das endokrine System (Hormonsystem) besteht aus Drüsen, die Botenstoffe an die Umgebung oder ins Blut abgeben. Diese werden von Rezeptoren an der Oberfläche der Zielzellen registriert. Neben den dargestellten klassischen Drüsen geben auch andere Gewebe (beispielsweise die Leber) Botenstoffe ins Blut ab.

hinausgehen. Die offensichtlichsten Auswirkungen zeigen sich im Einfluss der mit dem Alter zurückgehenden Mengen an Sexualhormonen auf die geschlechtsspezifischen Reproduktionssysteme (▶ folgende Seiten). Einige der dadurch auftretenden sekundären Wirkungen wie die auf Knochen wurden bereits angesprochen (▶ Seite 55). Weitere häufig mit hohem Alter in Zusammenhang gebrachte Veränderungen betreffen die Glucoseregulation, meist durch Insulinresistenz (früher als Diabetes Typ 2 oder Alterszucker bezeichnet).[42, 43] Allerdings gibt es auch Studien, die nahelegen, dass der Zusammenhang mit der Alterung eher indirekt besteht und großenteils darauf beruht, dass mit dem Alter auch das Auftreten von Übergewicht verbreiteter ist[44], das möglicherweise die eigentliche Ursache für die Erkrankung darstellt.

Während das Hormonsystem also unzweifelhaft stark von der Alterung betroffen ist, spricht wenig dafür, dass es Alterungsprozesse aktiv steuert. Entsprechende Theorien hatten Ende des 19. und Anfang des 20. Jahrhunderts dazu geführt, dass Ärzte ohne wissenschaftliche Absicherungen an vielen Menschen experimentelle Operationen (etwa Vasektomien) oder sogar Transplantationen von tierischer Drüsen (zum Beispiel Hoden) auf Menschen durchführten. Dies geschah in der Hoffnung, dadurch einen verjüngenden Effekt zu erreichen. Die damaligen Versuche müssen aus heutiger Sicht eindeutig unter dem Begriff Quacksalberei eingeordnet werden. Sie haben dem Ansehen der Alterungsforschung als einer seriösen Wissenschaft zumindest bis in die Mitte des 20. Jahrhunderts hinein enorm geschadet.

Weibliches Reproduktionssystem

Die auffälligsten Veränderungen am Reproduktionssystem treten bei Frauen in den Wechseljahren (Klimakterium) auf.

Im Alter zwischen etwa 40 und 60 Jahren kommt es zu einer über einen längeren Zeitraum von ungefähr fünf Jahren voranschreitenden hormonellen Umstellungen, während derer die Fruchtbarkeit zurückgeht. Dieser Vorgang ist für einige der Betroffenen mit starken Beeinträchtigungen des körperlichen und psychischen Wohlbefindens verbunden. Häufig beschriebene Symptome sind Hitzewallungen mit Schweißausbrüchen, Kopfschmerzen, Schlaflosigkeit, Reizbarkeit und Depressionen. Mit Unterbleiben des Eisprungs bzw. der Menstruation in der Menopause endet die reproduktive Phase schließlich ganz. Die Ovarien verkleinern sich mangels hormoneller Anregung durch follikelstimulierendes Hormon (FSH) und produzieren auch selbst weniger Östrogen (*Estrogen*). Dies kann zu einer Vermännlichung des Erscheinungsbildes führen.

Ein entsprechender Vorgang tritt längst nicht bei allen Spezies auf. Neben den Menschen ist er in Säugetieren wenig verbreitet, kommt aber etwa bei einigen Arten von Walen vor. Ähnliche, über das reproduktive Alter weit hinausgehende Überlebenszeiten wie beim Menschen kennt man jedoch wiederum von einigen weit entfernten Arten, wie dem in der Alterungsforschung immer wieder auftauchenden Fadenwurm *Caenorhabditis elegans* (▸ Abbildung 1-11). Der evolutionäre Nutzen ist noch weitgehend unverstanden. Eine Theorie besagt, dass die von Großmüttern eingebrachte Hilfestellung in der Familie den Reproduktionserfolg verbessern konnte.[45]

Alterstypische Veränderungen der Haare und ihre geschlechtsspezifischen Unterschiede wurden bereits oben erwähnt (▸ Seite 58). In der weiblichen Brust schrumpft das Drüsengewebe meist ab dem mittleren Lebensalter, sodass die Brüste weniger straff erscheinen und nach unten sinken. Wie generell an der Haut, aber hier verstärkt ausgeprägt, kommt es an äußeren Genitalien wie inneren und äußeren Schamlippen zu zunehmendem Verlust von Unterhautfettgewebe.

Dies führt zu einer Verkleinerung sowie zu geschrumpftem Aussehen und manchmal zu Verklebungen. Auch das Gewebe der Vagina ist von Ausdünnung und Trockenheit der Schleimhaut betroffen.

Männliches Reproduktionssystem

Bei Männern lässt die Produktion des Testosterons in den Hoden nach, diese schrumpfen und werden weicher. Häufig wird die Erektionsfähigkeit beeinträchtigt, und es treten nicht mehr immer Orgasmen auf. Am Penis kann es zu lokalen Kalkeinlagerungen und in der Folge zu Verformungen kommen. Die Menge der Samenflüssigkeit bei Ejukationen geht zurück und auch die Beweglichkeit der Samenzellen ist beeinträchtigt. Trotzdem bleibt die Zeugungsfähigkeit im Allgemeinen bis ins hohe Alter erhalten.

Der Rückgang von Testosteron kann, insbesondere bei niedrigem Cortisonspiegel, auch Auswirkungen auf die Psyche und das Verhalten haben, etwa verringertes Aggressions-, Risiko- und Imponierverhalten.[46, 47] Ob ein niedrigerer Testosteronspiegel auch mit erhöhter Empathie und verringertem antisozialen Verhalten einhergeht, ist nicht gesichert.

Gehirn und Nervensystem

Neuronen der grauen Substanz des Gehirns sterben lebenslang ab.[48] Nur an spezifischen Stellen, wie im Hippocampus, konnte bisher eine signifikante Entstehung neuer Neuronen sicher nachgewiesen werden. Allerdings wachsen die Dendriten der verbleibenden Neuronen auch im Alter noch und erlauben damit neue synaptische Kontakte, die mit Lernen assoziiert werden. Möglicherweise macht dies den Verlust von Neuronen bezüglich Speicher- und Verarbeitungskapazität mehr oder weniger wett. Bekannt ist jedoch, dass die Leistung des Arbeitsgedächtnisses älterer Personen abnimmt. Man führt dies auf eine Beeinträchtigung der Filterfunktion zurück, die dafür sorgt, dass irrelevante Informationen aus dem Kurzzeitgedächtnis entfernt werden.[19] Dies geht mit verringerter Konzentrationsfähigkeit und leichter Ablenkbarkeit einher.

Die weiße Substanz, die hauptsächlich aus neuronalen Fernverbindungssträngen besteht, ist nicht von einem derartigen Abbau betroffen, allerdings geht die Übertragungsgeschwindigkeit zurück.

Die Veränderungen des Zentralnervensystems führen typischerweise zu verringerten nächtlichen Schlafzeiten mit Einschlafstörungen und kurzen eingeschobenen Schlafphasen während des Tages. Aber auch die peripheren Teile unseres informationsverarbeitenden Systems sind stark betroffen.

Alle Sinnesorgane büßen im Alter an Funktionsfähigkeit und Sensitivität ein. Bei den Augen ist die Altersweitsichtigkeit allgemein bekannt, die früh beginnt, mit knapp 50 Jahren am schnellsten fortschreitet und sich etwa ab dem 60. Lebensjahr ihrem Endzustand nähert. Grund ist ein Verlust an Flüssigkeit und Flexibilität der Linsen, die sich dadurch bei Entlastung der Ziliarmuskeln nicht mehr passiv der Kugelform annähern. Dies verhindert zunehmend ein Fokussieren auf nahe Objekte. Häufig entwickeln sich, beginnend im mittleren Lebensalter, teilweise genetisch determinierte Erkrankungen wie Nachtblindheit (*Nyctalopia*) durch Ausfall der für Schwachlichtsehen verantwortlichen Stäbchen in der Netzhaut (*Retina*) bzw. *Retinitis pigmentosa*, die sich im fortgeschrittenen Stadium auch auf die anderen Sehzellen (Zapfen) erstreckt. Auch Trübungen der Linse (Katarakt: grauer Star) ist eine typischerweise eng mit dem Lebensalter zusammenhängende Erkrankung.

Bereits oben erwähnt wurde die bei manchen Menschen im höheren Alter zu beobachtende Einlagerung von Lipofuszin im RPE (retinalen Pigmentepithel) der Netzhaut bei der trockenen Form von Makuladegeneration, die in etwa 5 – 10 Prozent der Fälle zur völligen Erblindung führt. Der überwiegende Teil an Erblindungen im Alter ist aber auf die feuchte Form der Makuladegeneration zurückzuführen, bei der es zu krankhafter Gefäßneubildung in der Netzhaut kommt.

Bereits etwa ab dem 20. Lebensjahr wird das Gehör unempfindlicher, beginnend bei hohen Frequenzen. Die Schädigung betrifft dabei hauptsächlich die äußeren Haarzellen in der Gehörschnecke des Innenohres. Im fortgeschrittenen Alter, insbesondere ab etwa 70 Jahren, können verschiedene Formen der Schwerhörigkeit hinzukommen, die nicht nur im Mittel- und Innenohr selbst begründet sind, sondern auch nachgeschaltete neuronale Schaltkreise betreffen. Die Verarbeitung auditiver Information, angefangen von der Filterung von Hintergrundgeräuschen bis hin zur Extraktion von Bedeutungsinhalten kann dann gestört oder stark verlangsamt sein. Ebenso ist die schnelle Erkennung visueller Reize und insbesondere die schnelle Einschätzung von Situationen (Autofahren) im hohem Alter oft beeinträchtigt.

Auch der Geruchs- und Geschmackssinn wird weniger empfindlich, wobei hierzu vergleichsweise wenige verlässliche Studien vorliegen.

Alle beschriebenen organischen Schäden gehen letztlich auf Defizite in den Zellen selbst zurück, die die Funktion der betroffenen Gewebe negativ beeinflussen. Davon bleibt natürlich auch das Gehirn nicht verschont und damit das Organ, das am engsten mit unserem Selbst verknüpft ist, und in dem sich normalerweise nur wenige Zellen neu bilden. Unser psychisches Selbst ändert sich durch den Alterungsprozess im Normalfall ganz allmählich, was in der Introspektion jedoch kaum bemerkt wird. Kommen hierzu aber altersbedingte Erkrankungen, wird die Änderung der Psyche unübersehbar.

Psychologie des Alterns

Wir alle kennen die teils lustigen, teils tragischen Stereotypen von knausrigen oder ängstlichen Alten, alten Autofahrern mit Hut oder zerstreuten Professoren. Die altersbedingten Veränderungen des Gehirns wirken sich natürlich tatsächlich auf die geistigen Fähigkeiten aus. Gleiches gilt für das subjektive Erleben und das Verhalten. Tatsächlich liegt hier, wie meist, ein wahrer Kern zugrunde, die Ausprägungen der Eigenschaften variieren aber im Einzelfall gewaltig. So kennt man Beispiele über Hundertjähriger, die geistig noch viel reger sind, als andere Menschen mit nur sechzig Jahren.

Was sind nun die auffälligsten Veränderungen, wenn man von besonderen (aber natürlich ebenfalls bei älteren Menschen auftretenden) desaströsen degenerativen Veränderungen wie der Alzheimer-Krankheit einmal absieht?

Zu beobachten ist, dass die Gedächtnisleistung im Verhältnis zur Jugend meist bereits im Erwachsenenalter abnimmt. Insbesondere das Lernen völlig neuer Inhalte fällt zunehmend schwerer, ist aber bei verstärktem Einsatz sehr wohl noch bis ins hohe Alter hinein möglich.

Nicht nur das Gedächtnis ist betroffen, sondern auch die Geschwindigkeit der Informationsverarbeitung. Sie nimmt schon ab etwa 25 Jahren etwas, ganz deutlich aber ab dem vierten Lebensjahrzehnt ab. Insgesamt zeigt sich für die geistigen Fähigkeiten ein ähnliches Bild, wie es für die sportlichen Leistungen dargestellt wurde (▸ Abbildung 2-06). Nach und nach gehen zunächst die „Multitaskingfähigkeiten“ zurück. Es scheint, dass immer mehr der verfügbaren „Rechenleistung“ des Gehirns für einzelne Tätigkeiten aufgebracht werden muss. Man fühlt sich dann leichter gestört, wenn gleichzeitig viele Dinge auf einen einstürmen, die zu erledigen sind oder an die man sich erinnern muss.

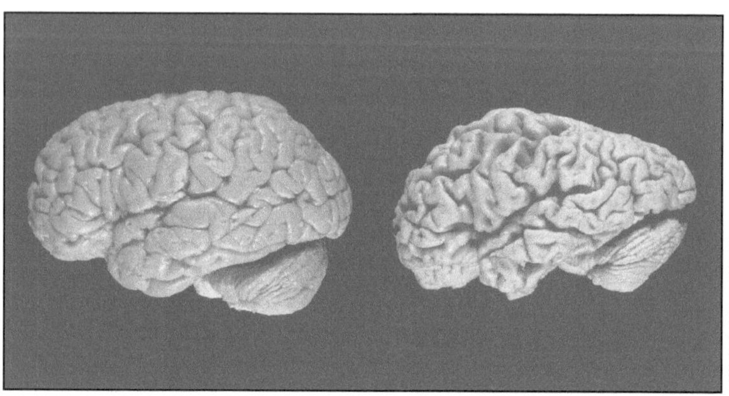

2-10

Alterung von Gehirn, Nervensystems und Sinnesorganen. Normalbefund (links) und fortgeschrittene Hirnatrophie (rechts).

Der Psychologe Paul B. Baltes (1939–2006) unterscheidet in seinem Kompendium *Life-Span Development and Behaviour, Band 10* zwischen sogenannter fluider und kristalliner Intelligenz.[50] Hauptsächlich die fluide Intelligenz, die von Geschwindigkeit und Genauigkeit der Informationsverarbeitung abhängt und auch das Problemlösen durch Denken beinhaltet, kulminiert mit ca. 30 Jahren. Danach fällt sie stetig ab. Die meisten grundlegenden Entdeckungen in den Bereichen Physik und insbesondere in der Mathematik werden dementsprechend auch von Wissenschaftlern in ihren ganz jungen Jahren gemacht, auch wenn sie teilweise erst lange Zeit später zu breiter Anerkennung und Preisverleihungen führen. Selbst das Erlernen neuer Sprachen fällt im Alter immer schwerer und führt selten zu deren vollständiger Beherrschung.

Doch die Psychologie hält für alle älteren Jahrgänge auch einen gewissen Trost in Form der sogenannten kristallinen Intelligenz bereit. Darunter versteht man den festgefügten Teil der

Intelligenz, die auf dem umfangreichen Weisheitswissen beruht, das man in jahrzehntelanger Erfahrung angesammelt hat. Hierzu gehört auch berufliche Expertise, Problemlösen durch Erfahrung, emotionale Intelligenz und Empathie. Die Fähigkeiten in diesen Teildisziplinen können bis ins hohe Alter verbessert werden und sogar manchmal eine Qualität erlangen, die man als Weisheit bezeichnet.

Trotz dieser stetigen Entwicklungen, die jeder an sich beobachten kann, besitzen die meisten Menschen ein Selbstbild, das sich an der Vergangenheit orientiert. Ich erinnere mich genau an meinen damals über 80-jährigen Großvater, der sich auf langen gemeinsamen Spaziergängen immer wieder erstaunt fragte, wohin seine Lebenszeit so schnell verschwunden war. Für ihn war gefühlsmäßig erstaunlich wenig Zeit vergangen, seit er aus der Schule gekommen war. Tatsächlich erinnern sich die meisten Leute an subjektiv lang gedehnte Kindheitsjahre. Manche Psychologen sind sogar der Meinung, dass Menschen mit etwa 18 Jahren in ihrem subjektiven Zeitgefühl die Hälfte des Lebens hinter sich gebracht haben. Das mag nicht für jeden gelten, aber die gefühlte Beschleunigung des Zeitablaufs ist in vielen Berichten eine Konstante. Der Effekt scheint dann besonders krass zu sein, wenn man sein Erwachsenenleben mit immer gleichförmigen Tätigkeiten ausfüllt, die wenig erinnernswerte Abwechslungen enthalten. Häufige Wechsel im Berufs- oder Privatleben und markante Ereignisse wie Reisen scheinen dem entgegenzuwirken. Die psychologische Lebenszeit dehnt sich also, wenn man mehr Erlebnisse hineinpackt. Möglicherweise begründet die subjektive Zeitwahrnehmung auch eine subjektive Alterswahrnehmung. Die allermeisten Menschen empfinden sich nämlich subjektiv jünger, als es ihrem objektiven chronologischen Alter entspricht, und im Allgemeinen auch jünger, als sie anderen erscheinen.

Das soziale Umfeld eines Menschen ändert sich mit zunehmendem Alter, wobei schwer zu entscheiden ist, welchen Anteil daran Änderungen der Persönlichkeit, gesellschaftliche Konventionen bzw. äußere Zwänge haben. Studien ergaben, dass vor allem die Anzahl der weniger nahestehenden Sozialpartner abnimmt. Relativ konstant bleibt hingegen die Zahl ganz naher Bezugspersonen.

Alterung und Tumore

Da die Bildung bösartiger Tumore sich in praktisch jedem lebenden Gewebe vollziehen kann, soll sie hier in einem gesonderten Abschnitt angesprochen werden. Obwohl es einige typischerweise in jungen Lebensjahren auftretende Formen von Krebs gibt, wie Leukämie, Myoblastome und sakrome Blastome, kann man die meisten der heute bekannten über einhundert Krebsarten als Alterserkrankungen des Zellwachstums charakterisieren. Bösartige Tumore des Endothels (Gewebe, das alle inneren Blut- und Lymphgefäße auskleidet) nennt man Karzinome, solche des Mesenchyms (Gewebe, das vom embryonalen Bindegewebe abstammt) hingegen Sarkome.

Charakteristisch für Krebszellen ist ja, wie mehrfach erwähnt, dass sie gerade nicht mehr den normalen Alterungsprozessen unterliegen. Sie sind potenziell unsterblich und können sich immer weiter teilen, solange sie ausreichend mit Nährstoffen versorgt werden. Dies wäre für sich genommen eigentlich kein Problem, denn Zellen unterliegen normalerweise einer Wachstumshemmung. Wenn sie sich gegenseitig berühren, hören sie auf, sich zu teilen. Tumorwachstum entsteht erst dann, wenn eine potenziell unsterbliche Zelle nicht mehr auf Signale der Nachbarzellen reagiert und sich unaufhörlich weiter teilt. Tatsächlich wird vielfach angenommen, dass der evolutionäre Vorteil der bereits erwähnten Hayflick-Grenze (▶ Seite 25) der Teilungsfähigkeit gerade darin liegt, das Tumorwachstum zu erschweren. Bis eine Zelle zur Krebszelle wird, muss sie nämlich über viele Teilungen hinweg verschiedene Mutationen quasi ansammeln. Möglicherweise fördern aber auch gerade kurze Telomere die Krebsentstehung. Wir werden hierauf bei der Behandlung der Telomeraseaktivierung (▶ Seite 139) nochmals zurückkommen.

Im nächsten Kapitel wenden wir uns den wichtigsten Theorien zu, die bis heute als Ursachen und Mechanismen für die Alterung diskutiert werden. Machen wir uns dabei aber klar, dass wahrscheinlich nicht nur eine Theorie richtig sein wird und alle anderen falsch. Viele beruhen auf kaum anfechtbaren Beobachtungen und Tatsachen. Die Aufgabe, die die Alterungsforschung in den kommenden Jahren zu leisten hat, ist also eher, die Zusammenhänge zwischen den Theorien zu erkennen, und die Anteile, die einzelne Mechanismen an den Alterungsprozessen haben, zu identifizieren. Am schwierigsten ist es aber, herauszufinden, in welche Richtung im Einzelfall Ursache-Wirkungs-Zusammenhänge ablaufen. Allein die Tatsache, dass zwei Phänomene häufig gleichzeitig vorkommen, ist noch lange kein Beweis, dass sie ursächlich zusammenhängen. Sie könnten zum Beispiel auch von einem gemeinsamen Dritten abhängen. Erst eine Gesamtbetrachtung der zellbiologischen wie der organischen Veränderungen und der Folgen experimenteller Eingriffe in diese Prozesse wird am Ende wirksame Therapien gegen die Alterung hervorbringen können. Um die Details der Alterungstheorien besser verstehen zu können, beginnt das nächste Kapitel mit einer kleine Auffrischung der zellbiologischen Prozesse, deren Verständnis für unser Thema unverzichtbar ist. Danach werden wir die heute als relevant geltenden Theorien im Einzelnen ansprechen.

3. Molekularbiologische Grundlagen

Zelluläre Strukturen

Um die heutigen Theorien über Zellalterung zu verstehen und beurteilen zu können, sollten wir uns etwas biochemisches, zellbiologisches und gentechnisches Rüstzeug bereitlegen. Natürlich würde es viele dicke Wälzer füllen, den Stand dieser ständig rasant wachsenden Wissensgebiete auch nur einigermaßen vollständig darzustellen. Deshalb beschränke ich mich in diesem Kapitel auf das Wesentliche, nämlich eine kurze Aktualisierung der Biologiekenntnisse aus der Schule. Hinzufügen werde ich einige für das Verständnis der folgenden Ausführungen nötigen Details, die erst in den letzten Jahrzehnten erforscht wurden.

Zellen irdischer Lebewesen bestehen zu einem Großteil aus komplexen Verbindungen der Elemente Kohlenstoff (C), Wasserstoff (H), Sauerstoff (O), Stickstoff (N) und Phosphor (P). Daneben benötigen sie noch einige weitere Zutaten aus dem Periodensystem in mehr oder minder hohen Konzentrationen. An den Lebensprozessen sind tausende Arten chemisch klar definierbarer relativ kleiner Moleküle beteiligt. Die wichtigsten davon sind Aminosäuren, Fettsäuren, Nukleobasen und Zucker. Diese Stoffe sind recht energiereich. Sie können durch Verbrennen Energie freisetzen bzw. bei kontrollierter Oxidation in Lebewesen als Nahrung dienen. Von photosynthetischen Bakterien und Pflanzen werden sie unter Nutzung der Sonnenenergie aufgebaut.

Fettsäuren und ihre Derivate (chemische Abwandlungen), beispielsweise Lipide (gr. *lipos*, Fett), lagern sich selbstständig zu Doppelschichten (Biomembranen) zusammen, die Zellen und ihre einzelnen Kompartimente begrenzen (▸ Abbildung 3-01). Aus diesen Bausteinen (Monomeren) werden in Lebewesen unter Energieaufwand komplexere Strukturen gebildet.

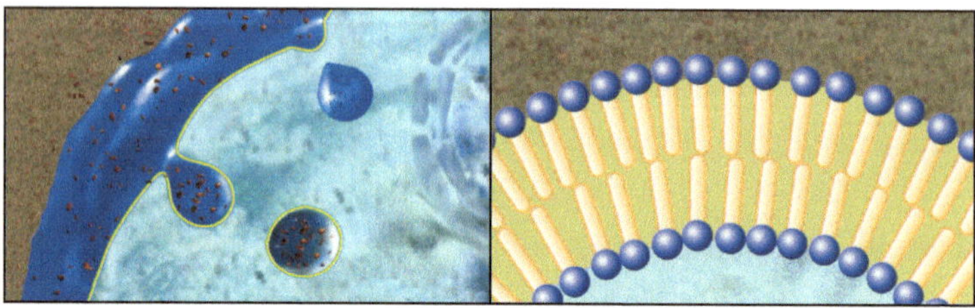

3-01

Biomembranen. Die Lipiddoppelschichten begrenzen Zellen nach außen und grenzen intrazelluläre Reaktionsräume ab. Zahlreiche eingelagerte Proteine (nicht gezeigt) ermöglichen Signal- und Stofftransport.

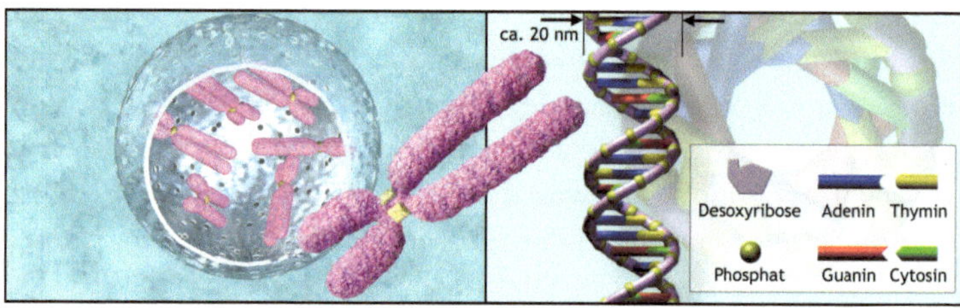

3-02

Zellkern, Chromosomen, DNA. In jeder Chromatide eines Chromosoms im Zellkern liegt die DNA als extrem lange Doppelhelix vor. Sie speichert Informationen für die Proteinbiosynthese in der Abfolge ihrer Basenpaare.

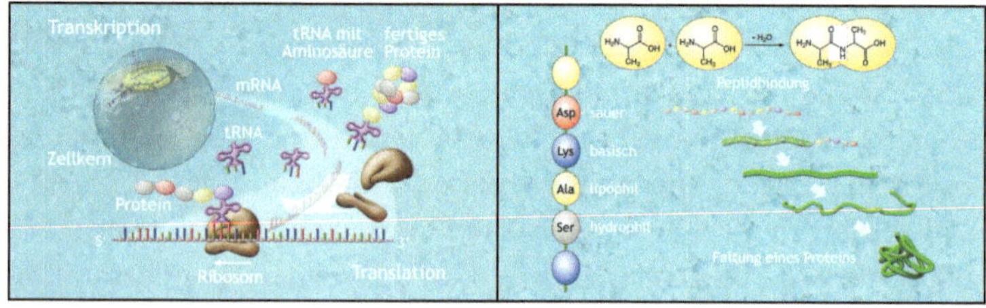

3-03

Proteinbiosynthese. Gene der Zellkern-DNA werden in mRNA umgeschrieben. An Ribosomen entstehen Proteine, die sich aus thermodynamischen Gründen falten und als Biokatalysatoren wirken können.

Beispielsweise entstehen Nukleotide, die Nukleobasen, Zuckeranteile und anorganisches Phosphat enthalten. Die typischsten Moleküle des Lebens aber sind Kettenmoleküle (Biopolymere). Man kennt sie von Speicherstoffen wie Stärke, die sich aus Zuckermonomeren zusammensetzt. Entscheidend aber sind solche Kettenmoleküle, die nicht einfache Wiederholungen einer Grundeinheit darstellen, sondern kontrollierte Abfolgen ganz bestimmter untereinander ähnlicher Monomere. Gemeint sind natürlich Proteine (Eiweiße) aus Aminosäuren und Nukleinsäuren wie DNA und RNA aus Nukleotiden. Sie stellen den Kern des Lebens dar. Proteine falten sich aufgrund ihrer spezifischen Aminosäureabfolge meist schon von ganz allein, einfach durch die chemischen Eigenschaften der beteiligten Aminosäuren, zu Molekülen völlig unterschiedlicher Funktion. Sie dienen den Zellen als Baukomponenten (Strukturproteine) und bilden tausende von spezifischen Biokatalysatoren (Enzyme). Durch die unglaublich vielen Möglichkeiten, in denen sich die hunderte bis tausende Einheiten langen Kettenmoleküle aus zwanzig unterschiedlichen Aminosäuren anordnen können, finden sich Katalysatoren für praktisch beliebige chemische Reaktionen. Unter den Aminosäuren sind solche, die eher polar (wasserliebend) sind. Andere sind besonders unpolar (fettliebend). Wieder andere haben positiv oder negativ geladene Seitengruppen. Biokatalysatoren wirken meist dadurch, dass sie eine bestimmte räumliche Oberflächenstruktur besitzen und unterschiedliche elektrische Oberflächenladungen anbieten, an die sich die Reaktionspartner zeitweise anlagern und so leichter miteinander reagieren können. Oft werden über Komplexe aus Biokatalysatoren auch unter Energieverbrauch ablaufende Reaktionen ermöglicht, indem sie mit anderen Reaktionen gekoppelt werden, die Energie freisetzen. Nur so können Zellen ihre im wahrsten Sinne des Wortes unwahrscheinlich komplexe innere Struktur aufrechterhalten.

5'
3'-Ende
Thymin
Adenin
Cytosin
Guanin
Thymin
Adenin
3'-Ende
5'

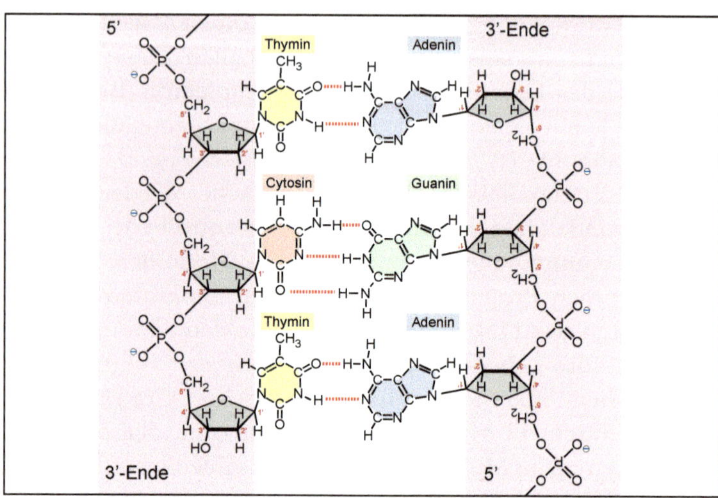

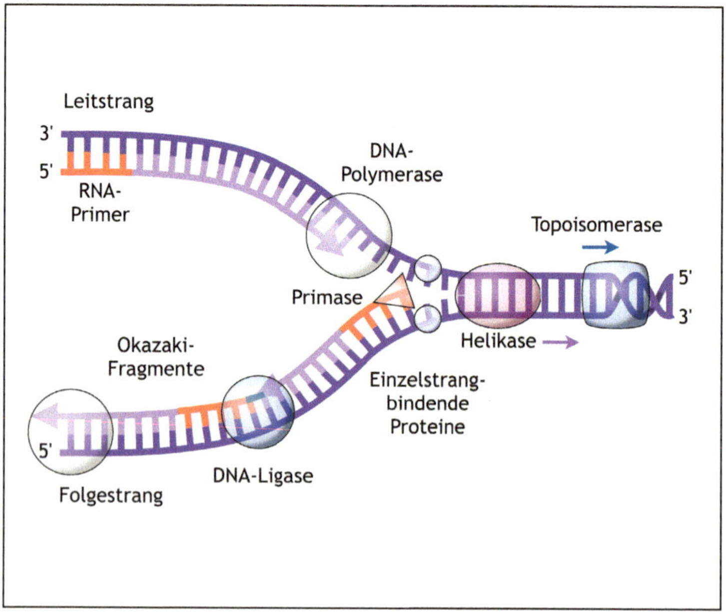

Leitstrang
3'
5'
RNA-
Primer
DNA-
Polymerase
Topoisomerase
5'
3'
Primase
Helikase
Okazaki-
Fragmente
Einzelstrang-
bindende
Proteine
5'
DNA-Ligase
Folgestrang

3-04

DNA-Struktur. Einzelstränge der Desoxyribonukleinsäure sind lange Polymere aus Zuckermolekülen der Desoxyribose (fünfeckige graue Unterlegung), die mit Phosphorsäureresten abwechseln. (Die negativen Ladungen des Phosphats werden durch positive Ionen in der umgebenden Lösung kompensiert.) Bei Ribonukleinsäure (RNA) trägt der Zucker in 2'-Stellung ein weiteres Sauerstoffatom. Statt der Nukleobase Thymin kommt in RNA Uracil vor, bei dem die Methylgruppe des Thymins (CH_3-) fehlt. Jede Zuckerkomponente ist in 1'-Position mit einer der vier informationstragenden Nukleobasen verbunden. Zwei DNA-Stränge können sich gegenläufig über Wasserstoffbrückenbindungen zusammenlagern und bilden dann eine Art aufgedrillte Strickleiter, die bekannte DNA-Doppelhelix. Da jeder Einzelstrang der Kette an einem Ende in einer Hydroxylgruppe (HO-Gruppe) am 3'-C-Atom, am anderen Ende in einer Hydroxylgruppe am 5'-C-Atom endet, spricht man vom 3'- bzw- 5'-Ende des DNA-Strangs. Die Strangrichtung ist wichtig für viele an der DNA andockende Proteine bei der Replikation und Transkription.

3-05

DNA-Replikation. Der komplexe Vorgang, an dem zahlreiche Enzyme (-asen genannt) beteiligt sind, wird durch eine Entspiralisierung der DNA-Doppelhelix mittels einer *Topoisomerase* eingeleitet. Diese schneidet einen Einzelstrang und fügt ihn nach Drehung wieder zusammen. Wie bei einem Reißverschluss wird nun die doppelsträngige DNA durch eine *Helikase* in Einzelstränge getrennt und durch *einzelstrangbindende Moleküle* stabilisiert. Zum Start der Replikation lagert sich zunächst ein RNA-Polynukleotid (*RNA-Primer*) an. Der Leitstrang wird nun von der DNA-Replikase vom 3' zum 5' Ende hin kopiert. Nach Anlagerung spezieller Primer mit RNA-Komponenten an den anderen Strang wird dieser in kurzen Einzelstücken (*Okazaki-Fragmente*) kopiert, da die Replikase wiederum nur von 3' nach 5' arbeiten kann. Diese Teilstücke werden später durch *Ligasen* zusammengefügt. Für die Alterungsprozesse ist entscheidend, dass die Replikase einen linearen DNA-Strang nicht vollständig kopieren kann, sondern stets etwas verkürzt. Um dadurch mögliche Schäden zu vermeiden, tragen Chromosomen informationsleere und schützende Bereiche an den Enden, die *Telomere*. Sie spielen eine herausragende Rolle für die Zellalterung. Werden sie zwischen Zellteilungen nicht verlängert, kann sich die Zelle nur so lange teilen, bis informationstragende Bereiche des Chromosoms gefährdet sind.

Nukleinsäuren

Die im Laufe der Evolution angesammelte Information über den Bau der notwendigen Proteine, also über die Abfolge der Aminosäuren von Proteinketten, wird in Nukleinsäuren gespeichert, die bei Prokaryoten ringförmig sind und frei im Zellplasma liegen. Bei höheren Lebewesen sind sie linear gebaut und liegen mit Proteinen assoziiert als Chromosomen im Zellkern vor (▶ Abbildung 3-02). Nukleinsäuren wurden bereits 1869 von FRIEDRICH MIESCHER (1844–1895) in Tübingen isoliert[51, 52] und später als wahrscheinliche Träger der Erbinformation angesehen. Sie bestehen aus einer Abfolge von vier unterschiedlichen Nukleotiden (bestehend aus anorganischen Phosphat (PO_4^{2-}), einem Zuckermolekül (Ribose bzw. Desoxyribose) und einer stickstoffhaltigen Nukleobase). Nukleinsäuren gibt es in zwei Varianten. Als DNA (DNS, Desoxyribonukleinsäure) und als RNA (RNS, Ribonukleinsäure), die man vereinfacht als Arbeitskopie der DNA ansehen kann. DNA enthält als Zuckerkomponente Desoxyribose und die vier Basen Adenin (A), Cytosin (C), Guanin (G) und Thymin (T). RNA enthält stattdessen den Zucker Ribose, Thymin ist durch Uracil (U) ersetzt. Aufgrund der chemischen Struktur der Nukleobasen, die sie zur Bildung von Wasserstoffbrücken befähigt, können sich zwei DNA-Kettenmoleküle (oder auch eine DNA-Kette und ein RNA-Kette) zu der bekannten Strickleiterstruktur zusammenlagern (▶ Abbildung 3-04). Diese Struktur wurde 1953 von JAMES WATSON (*1928) und FRANCIS CRICK (1916–2004) auf Basis von Röntgenstrukturaufnahmen der Biochemikerin ROSALIND FRANKLIN (1920–1958) entdeckt. Die für die Herstellung bestimmter Proteinsequenzen erforderliche Information ist in der DNA als Abfolge der Leitersprossen (der Basenpaare) enthalten. Jeder Strang kann an einer Position eine der Basen

A, C, G oder T aufweisen. Der andere Strang ist damit festgelegt, denn nur A::::T bzw. C::::G bilden stabile Bindungen (die Striche symbolisieren zwei bzw. drei Wasserstoffbrücken zwischen den Basen).

Die Doppelhelixstruktur legt daher auch sofort Mechanismen für die Replikation der Erbinformation nahe. In einem im Einzelnen sehr komplizierten Prozess, an dem zahlreiche Proteine mitwirken (▸ Abbildung 3-05) wird die DNA zunächst in zwei Einzelstränge zerlegt und jeder von ihnen wird mit passenden Einzelnukleotiden zu einem Doppelstrang ergänzt.

Um eine von zwanzig Aminosäuren für ein Protein zu definieren, benötigt man allerdings mehr als ein Basenpaar auf der DNA-Strickleiter, denn dieses könnte ja nur maximal eine Auswahl aus vier Aminosäuren treffen. Für zwanzig Aminosäuren benötigt man mindestens drei Basenpaare (ein sogenanntes Triplett). Und dies ist genau die Lösung, die in der Natur entstanden ist. Die Zuordnung der zur Verfügung stehenden 64 Möglichkeiten zu den zwanzig Aminosäuren (und einigen Steuersignalen) bezeichnet man als den genetischen Code. Seine Entschlüsselung kann neben der Entdeckung der DNA-Struktur als Startschuss für das Gebiet der Molekularbiologie gelten. Erst durch deren Entfaltung erhalten wir realistische Chancen, die zellulären Alterungsprozesse verstehen und mittelfristig beeinflussen zu können.

Proteinbiosynthese

Auch der Weg, auf dem die Information der DNA schließlich die Proteinherstellung (Protein- oder Eiweißbiosynthese) steuert, ist seit Jahrzehnten Schulstoff. Er ähnelt etwas der DNA-Replikation und wird als Transkription (Umschreiben) bezeichnet (▶ Abbildung 3-03). Wieder wird die Doppelhelix der DNA lokal in ihre Einzelketten gespalten. Nun allerdings erzeugt ein anderes Enzym, eine RNA-Polymerase, entlang des sogenannten codierenden Strangs eine komplementäre RNA-Kopie. Die DNA der einzelnen Chromosomen (das Genom) wird allerdings nicht auf einmal in RNA umgeschrieben, sondern in einzelnen Funktionseinheiten, die für bestimmte Erbmerkmale zuständig sind und sich einzeln ein- und ausschalten lassen. Sie werden allgemein als Gene bezeichnet. Besser sollte man sie Genorte nennen, denn die DNA an jedem Genort kann in der Bevölkerung in leicht unterschiedlichen Varianten vorliegen. (Dies ist der eigentliche Grund dafür, dass wir nicht alle wie eineiige Zwillinge aussehen.) Die Gene auf der DNA entsprechen den Erbfaktoren, die der österreichische Abt Gregor Johann Mendel (1822–1884) durch seine Kreuzungsexperimente an Erbsen entdeckt hatte und die ihm erlaubten, die berühmten Mendelschen Vererbungsgesetze aufzustellen. Die verschiedenen Varianten eines Gens werden fachsprachlich als Allele bezeichnet.

In einigen Fällen spielt die abgelesene RNA eine direkte Rolle als Baukomponente der sogenannten Ribosomen, der „Fabriken" der Eiweißproduktion. Sie heißt dann ribosomale RNA (rRNA). Meist jedoch handelt es sich um sogenannte Messenger-RNA (mRNA, Boten-RNA), die die Information über die Aminosäureabfolge herzustellender Proteine enthält (▶ Abbildung 3-06). Das menschliche Genom enthält ungefähr 25 000 Gene. Das sind deutlich weniger, als man vor der Sequenzierung des Erbguts annahm, und nicht mehr als bei vielen anderen Organismen. Erstaunlicherweise können die Zellen trotzdem ungefähr eine Million unterschiedliche Proteine herstellen. Ermöglicht wird dies durch Veränderungen an der mRNA nach dem Ablesen oder an den fertigen Proteinen.

Bei Eukaryoten folgt ein als Spleißen bezeichneter Schritt, in dem Enzyme nichtcodierende Teile der mRNA (Introns) herausschneiden. Die restlichen Teile der mRNA (Exons) bilden eine Art Befehlskette für die Proteinproduktion. Das Ganze erinnert ein wenig an alte Strickmaschinen, die über Lochstreifen gesteuert jedes beliebige Strickmuster erzeugen konnten (die moderneren computerisierten Versionen sind weniger anschaulich). Die Proteinfabriken (Ribosomen), entsprechen den Strickmaschinen. Hier werden jeweils drei Buchstaben der mRNA-Instruktion gelesen, und die passende Aminosäure wird an das Ende eines wachsenden Proteinstrangs angesetzt. Dann rückt die Produktionsmaschine eine Dreiergruppe (Triplett) weiter. Die Übersetzung der Nukleotidsequenz einer RNA in die Aminosäuresequenz eines Proteins nennt man Translation.

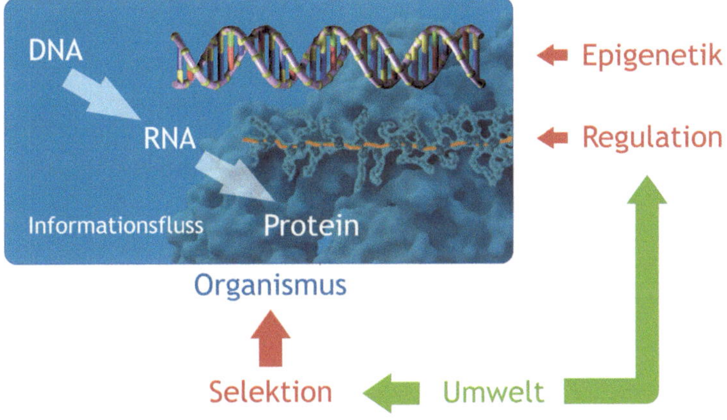

3-06

Zentrales Dogma, Regulation und Epigenetik. Das zentrale Dogma der Genetik besagt, dass Information normalerweise von der DNA über RNA auf ein Protein übergeht. Nur durch Mutation und Selektion kann neue Information auf der DNA entstehen. Heute kennt man hiervon auch viele Ausnahmen. So wird RNA bei manchen Viren durch reverse Transkriptase in DNA zurückgeschrieben, und die Umwelt modifiziert die Ausprägung der DNA auf verschiedenen Ebenen (Regulation und Epigenetik).

Welche Gene überhaupt eingeschaltet sind und wie viel von jedem der entsprechenden Proteine hergestellt wird, kann durch Steuergene beeinflusst werden, die über Signalkaskaden auf Umgebungsreize regieren. Nicht selten sind hergestellte Proteine nämlich überhaupt nicht direkte Katalysatoren für den Stoffwechsel oder Strukturelemente der Zelle, sondern sogenannte Transkriptionsfaktoren, die sich an bestimmte Stellen der DNA anlagern und so das Ablesen anderer Gene fördern oder unterbinden können. Andere Proteine dienen als Hormone (Proteohormone) dem Signalaustausch zwischen benachbarten Zellen (parakrine Hormone) oder der Kommunikation über den Blutkreislauf (endokrine Hormone). Dadurch beeinflussen sie wiederum die Ablesung von Genen und den Stoffwechsel in den Zielzellen.

Solche Umsteuerungen von Genen scheinen die Wirkmechanismen zu sein, die hinter einigen Rätseln der Altersforschung stecken. Auch die bereits erwähnte lebensverlängernde Kalorienreduktion fällt in diese Kategorie. Durch die vielen beteiligten Komponenten, Rückkopplungen und verschachtelten Regelkreise ist es aber erst nach und nach möglich, die Zusammenhänge zu durchschauen.

Mutationen

Die Informationen auf der DNA sind für ein Lebewesen so etwas wie die Kronjuwelen. Für einen chemischen Informationsspeicher ist DNA wohl recht sicher, prinzipbedingt kann es aber stets zu chemischen Veränderungen an den Nukleinsäuresträngen kommen. Schuld sind zum Beispiel Einwirkungen reaktiver Moleküle, energiereicher ionisierender Strahlung oder einfach hoher Temperaturen. So kommt es zu Strangbrüchen, chemischen Veränderungen an Nukleobasen oder der Vernetzung zweier Basen eines Stranges. Alle Lebewesen haben deshalb ausgefeilte Reparaturmechanismen entwickelt, die fast alle dieser Schäden beheben können. Dies funktioniert, weil der jeweils andere Strang der DNA noch über die ursprüngliche Information verfügt. Selbst Doppelstrangbrüche können Zellen unter Umständen anhand der Information auf dem Schwesterchromosom rekonstruieren.

Vor jeder Zellteilung muss die DNA mit ihren lebenswichtigen Informationen kopiert werden. In diesem Stadium der Vorbereitung einer Teilung sind Zellen um ein Vielfaches anfälliger für DNA-Schäden als in Ruhephasen. Man nutzt dies in der Krebstherapie mit Chemostatika und Bestrahlungen, um die sehr teilungsaktiven Krebszellen gezielt angreifen zu können. In der Folge können einzelne Nukleotide fehlerhaft sein, ganze Bereiche der DNA können fehlen, verdoppelt oder an andere Stellen verschoben sein. Entkommt eine DNA-Veränderung allen Reparaturmechanismen, so kann es zu einer Mutation kommen, im einfachsten Fall dem Austausch eines Nukleotids in einem Triplett. Wenn das neue Triplett für eine andere Aminosäure codiert als das ursprüngliche, so wirkt sich dies auch auf das erzeugte Protein aus. Recht viele Mutationen sind aber mehr oder weniger neutral, beispielsweise wenn sie zum Einbau einer chemisch sehr ähnlichen Aminosäure in ein Protein führen. Hat die ausgetauschte Aminosäure aber eine chemisch sehr verschiedene Seitenkette, wird sich das Protein möglicherweise völlig anders falten und dadurch funktionslos oder sogar schädlich werden. Auch Mutationen in Steuergenen, die die Aktivität anderer Gene beeinflussen, wirken sich meist stark aus. Nach sehr groben Schätzungen ist nur etwa eine von einer Million Mutationen positiv für den Organismus. Trotzden sind Mutationen und die darauf wirkende Selektion die treibende Kraft hinter der Evolution und haben uns erst zu dem gemacht, was wir sind.

Es ist leicht nachvollziehbar, dass Mutationen selbst auf eine ganze Spezies bezogen nur so lange vorteilhaft sein können, solange sie selten sind. Für eine vorteilhafte Mutation muss genügend Zeit bleiben, sich in der Population durchzusetzen, bevor sie durch neue (wahrscheinlich wiederum negative) Mutationen bzw. durch Selektion ausgemerzt wird. Wie stark die chemischen Einflüsse aufgrund von Umweltverschmutzung oder erhöhter Hintergrundstrahlung werden dürfen, bis das System umkippt, ist nicht völlig klar. Die Schwelle zur Katastrophe hätte prinzipiell auch knapp über der natürlichen Hintergrundstrahlung liegen können. Es sieht aber heute so aus, dass sie deutlich höher liegt, denn zahlreiche Spezies wie Pilze und sogar Vögel konnten sich an die stark erhöhten Strahlenpegel in Tschernobyl anpassen, indem ihre Reparaturmechanismen verstärkt aktiviert wurden.[53] Es scheint also, als könne die Natur einige rettende Tricks aus dem Hut zaubern. Dass man sich auf diese zumindest für Menschen keineswegs verlassen darf, zeigen uns erschreckende Bilder strahlengeschädigter Kinder aus der Umgebung von Tschernobyl. Erhöhte Mutationsraten, gleich welcher Ursache, sind für Individuen stets eine tödliche Gefahr. Daran sollten wir denken, wenn wir mit unbeherrschter Nukleartechnik experimentieren oder zehntausende von Chemikalien in die Umwelt freisetzen, deren Auswirkungen auf die Zellen wir nicht genau kennen.

Regulation und Signalwege

Im Allgemeinen verfügt jede Körperzelle über die gesamte Erbsubstanz einer Spezies. Allerdings wird von einer konkreten Zelle, abhängig von ihrer Spezialisierung, ihrem Lebenszyklus und ihren aktuellen Aufgaben, nur ein kleiner Teil der möglichen Proteine benötigt und hergestellt. Viele Gene werden vorübergehend oder dauerhaft abgeschaltet. Bakterien bewerkstelligen dies mit sogenannten Operons. Das sind vergleichsweise einfache Regelkreise, bei denen Zielmoleküle, einige regulatorische Proteine und Gensequenzen beteiligt sind. Ein Beispiel ist das bekannte lac-Operon. Auch eine Reduktion von Genaktivität durch chemische Veränderungen an der DNA (Methylierung einzelner Nukleobasen) kommt schon bei Prokaryoten vor. Eukaryoten besitzen ähnliche Mechanismen zur Steuerung der Genexpression, aber darüber hinaus ein komplexes Netzwerk von ungefähr zehn ausgefeilten Regulationsmechanismen, die auf verschiedenen Ebenen angreifen. Die Transkription der DNA wird zum Beispiel auch dadurch geregelt, dass bestimmte Bereiche enger an Proteine (Histone) der Chromosomen gebunden werden. Dadurch sind sie weniger zugänglich. Eine einmal gestartete Transkription kann vorzeitig abgebrochen oder abgeschriebene RNA unterschiedlich zurechtgeschnitten (gespleißt) werden. Manchmal wird auch der Transport der RNA ins Cytoplasma verhindert oder die RNA wird dort wieder abgebaut, bevor Proteine gebildet werden. Kleine Nukleinsäuremoleküle können sich an fertige mRNA-Moleküle anlagern und die Proteinsynthese (Translation) doch noch verhindern, und selbst fertige Proteine sind nicht sicher und können noch umgebaut werden. Leben ist kompliziert. Diese Mechanismen und noch einige mehr bilden unübersichtliche Signalnetzwerke, die über das Schicksal einer Zelle entscheiden – auch darüber, ob und wie schnell sie altert. Deshalb muss man sehr vorsichtig sein, wenn jemand „den" Alterungsmechanismus gefunden haben will. Wir wissen heute ungeheuer viel über einzelne dieser Vorgänge und erahnen langsam ihr Zusammenspiel. Von einem Gesamtverständnis zu sprechen wäre aber verfehlt. Es könnte sogar sein, dass wir es nie in dem Sinne erreichen werden, wie wir ein rein mechanisches System verstehen. Menschen haben Schwierigkeiten, den Überblick zu behalten, wenn an einem Vorgang mehr als ein Dutzend Komponenten beteiligt sind und sich wechselseitig in Ursache und Wirkung beeinflussen. Dies wird uns allerdings nicht daran hindern, entsprechende Regelkreise zu programmieren und zu erforschen.

Bei Eukaryoten sind die Signalwege und Stoffwechselprozesse auch dadurch kompliziert, dass bestimmte Zellorganellen, also Zellbestandteile, eine Sonderrolle spielen. Dies sind bei allen eukaryontischen Zellen die Mitochondrien und bei Pflanzenzellen zusätzlich die Chloroplasten, die das Blattgrün enthalten. Auf Erstere müssen wir hier näher eingehen, da sie bei mehreren Alterungstheorien von zentraler Bedeutung sind.

Mitochondrien

Mitochondrien sind Organellen, in denen bei Eukaryoten die entscheidenden Schritte der Zellatmung ablaufen, bei denen in einer Art kalter Verbrennung von Glucose mit Sauerstoff die allgemeine Energiewährung der Zelle, ATP, gewonnen wird. Jede menschliche Zelle enthält Mitochondrien. Deren Menge und physiologischen Eigenschaften variieren allerdings in den unterschiedlichen Geweben zwischen einigen wenigen und über Tausend.

Was sind Mitochondrien?

Eigentlich waren Mitochondrien evolutionär gesehen einmal eigenständige bakterienähnliche Zellen. Gemäß der allgemein anerkannten Endosymbiontentheorie haben sie sich vor etwa 1,5 Milliarden Jahren zu Untermietern anderer, eher den heutigen Archaeen nahestehenden Zellen entwickelt. Sie erfüllen seit dieser Geburtsstunde der Eukaryoten, zu denen alle größeren Lebewesen von Amöben bis hin zu Menschen, Pflanzen und Pilzen gehören, die Rolle von „Kraftwerken“ in den Zellen. Die Erzeugung von ATP bei der Zellatmung (wissenschaftlich auch als oxydative Phosphorylierung oder kurz OXPHOS bezeich-

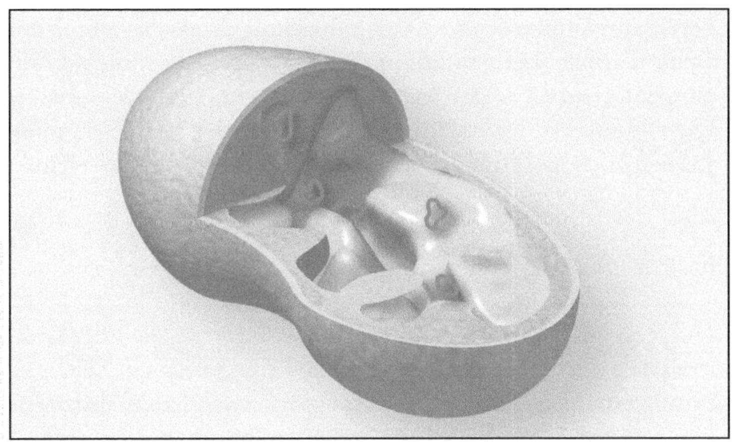

3-07

Mitochondrium mit DNA und doppelter Membran. Mitochondrien (und Chloroplasten) besitzen kleinere Mengen eigener DNA und werden von zwei Membranen begrenzt. An der inneren, die stark gefaltet ist, spielen sich die wichtigsten Prozesse der Zellatmung (▶ Abbildung 3-8) ab.

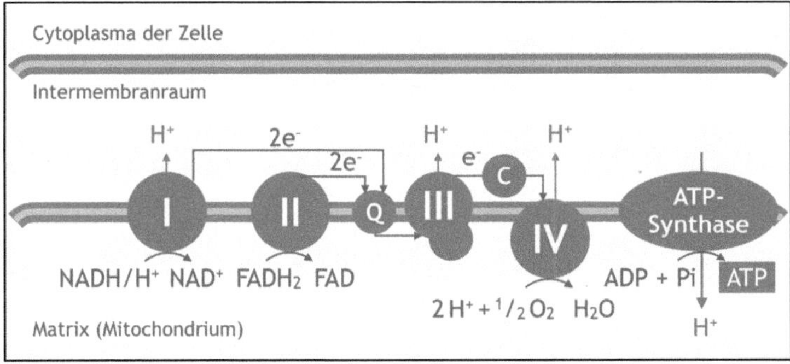

3-08

Atmungskette. Besonders an der inneren Mitochondrienmembran laufen die biochemischen Prozesse der Zellatmung ab, bei denen letztlich Sauerstoff dazu verwendet wird, ATP-Moleküle herzustellen. Diese dienen als Energieträger für zahlreiche Reaktionen des Zellstoffwechsels.

net) läuft in ihnen etwa 17-fach effizienter ab, als dies durch einfache Gärung (Fermentation) der Fall wäre. Ein Molekül Glucose liefert so 38 ATPs, während die Gärung nur zwei freisetzt. Die hintereinander ablaufenden Teilprozesse der Zellatmung werden auch als Atmungskette (▸ Abbildung 3-08) bezeichnet.

Endosymbiose

Die Herkunft der Mitochondrien (und übrigens auch der Chloroplasten der Pflanzen) von ehemals frei lebenden Zellen erkennt man noch heute daran, dass sie eigenständiges Erbmaterial in Form von DNA (mtDNA) enthalten. Normale Körperzellen können je nach Energiebedarf des Gewebes ganz unterschiedlich viele Mitochondrien enthalten und beschädigte bei Bedarf ersetzen. Mitochondrien werden von der Zelle nie neu aufgebaut, sondern vermehren sich nur durch gesteuerte Teilung.[54]

Mitochondriengenome sind doppelsträngige ringförmige DNA-Moleküle, die beim Menschen 16 569 Basenpaare enthalten. Jedes Mitochondrium enthält nicht nur einen, sondern etwa ein Dutzend Kopien dieser DNA-Ringe. Jeder codiert für 13 Proteine, die alle in der Zellatmung benötigt werden, sowie für 24 RNA-Moleküle. Die RNAs sind in 22 Fällen Bestandteile von tRNA-Molekülen, zwei davon bilden die RNA-Komponenten der Ribosomen (rRNA) in den Mitochondrien. Die Organellen sind außerdem – ebenfalls ein Hinweis auf ihre Abstammung – von gleich zwei Zellmembranen umgeben. Aus deren Feinbau lässt sich schließen, dass die innere Hülle der ehemaligen Bakterienmembran entspricht, während man sich die äußere als abgeschnürten Bereich der Zellmembran der Gastgeberzelle vorstellen kann (▸ Abbildung 3-07).

Seit ihrer „Domestikation“ haben Mitochondrien die meisten der Gene ihrer prokaryotischen Vorläufer an den Zellkern verloren. Sie sind nun quasi Zombies und werden größtenteils vom Kern ferngesteuert. Die Proteine, aus denen sie bestehen, entstehen nun als Vorläuferproteine an Ribosomen im Cytoplasma der Gastgeberzelle und werden an die Mitochondrien geliefert. Eigens dazu sind aufwändige Transportkomplexe entstanden, regelrechte molekulare Maschinen mit dutzenden von Komponenten, die den Durchtritt durch die äußere (TOM, Translocase of the Outer Membrane) bzw. innere (TIM, Translocase of the Inner Membrane) Mitochondrienmembran bewerkstelligen.[55, 56] Anhand von Markierungen an den Vorläuferproteinen werden die transportierten Protinketten dabei an die korrekten Zielorte befördert und dort final gefaltet.

Auf diese Weise wird die weit überwiegende Anzahl der etwa eintausend verschiedenen Proteine prozessiert, aus denen Mitochondrien bestehen und die sie für ihr Funktionieren benötigen.

Angesichts dieser engen Einbindung in den zellulären Stoffwechsel der Gastgeberzelle sind Mitochondrien natürlich längst nicht mehr selbstständig außerhalb eukaryotischer Zellen lebensfähig.

Dass die meisten der für die Atmungskette notwendigen Proteine weiterhin direkt in der kleinen mtDNA codiert sind, ist sicherlich kein Zufall. Diese Proteine entstehen damit nämlich direkt an den Orten, an denen sie auch gebraucht werden, und in Mengen, die automatisch mit der Anzahl der Mitochondrien einer Zelle skalieren. Es wäre für die Zelle viel aufwändiger, sie zentral herzustellen und dann in ausreichender Menge zu ihren Wirkorten an der inneren Mitochondrienmembran zu transportieren.

Man nimmt an, dass Mitochondrien schon von Vorformen eukaryotischer Zellen als Endosymbionten aufgenommen wurden und sich zum wechselseitigen Nutzen dauerhaft in den Zellen etablieren konnten. Die nächsten frei lebenden Verwandten der Mitochondrien vermutet man nach Sequenzvergleichen der mtDNA unter den Alphaproteobakterien.

Das einwandfreie Funktionieren der Mitochondrien ist für alle vielzelligen Lebewesen, die Gewebe aus eukaryotischen Zellen darstellen, absolut essenziell. Nahezu ihre gesamte Energie wird (in Form von ATP) durch die Mitochondrien bereitgestellt (▶ Abbildung 3-08). Lange schon ist bekannt, dass Fehlfunktionen dieser Organellen mit zahlreichen altersbedingten Krankheiten einhergehen. Die in der Atmungskette als Nebenprodukte entstehenden sehr reaktiven Sauerstoffverbindungen (▶ Abbildung 4-02), können einerseits die Kern-DNA der Zelle und die mitochondriale DNA schädigen, andererseits aber auch Reparaturprozesse in Gang setzen, die dem entgegenwirken. Sie werden auch als Hauptverantwortliche für die Entstehung fehlerhafter, schwer abbaubarer Moleküle angesehen, die den Zellstoffwechsel stören und Eigenschaften der Gewebe nachteilig beeinflussen können. Sowohl diese Prozesse als auch eine mögliche Fehlsteuerung des Mitochondrienstoffwechsels durch Gene des Zellkerns (▶ Abbildung 3-02) werden als Ursachen für die Zellalterung diskutiert.

Im folgenden Kapitel werde ich die wichtigsten heute vertretenen Theorien zu Ursachen und Wirkungsmechanismen der Alterung vorstellen.

4. Zelluläre Mechanismen des Alterns

Warum altern wir?

Der griechische Arzt Galenos von Pergamon (129–199 n. Chr.) glaubte, dass die Alterung des Menschen eine langsame Verschiebung des Gleichgewichts der Körpersäfte ist, die bereits in jungen Jahren beginnt. In der Folge sollte es dann zu Trockenheit und Kälte des Körpers kommen. Dies erinnert sehr an die Anfang des 20. Jahrhunderts oft vertretenen unwissenschaftlichen Hormontheorien des Alterns (▶ „Hormoninduzierte programmierte Alterung“, Seite 119), aber auch an ernst zu nehmende moderne Versionen.[57]

Roger Bacon (1220–1292 n. Chr.) war ein früher Vertreter einer Abnutzungshypothese. Er vermutete hinter dem Altern die Folgen von Überbeanspruchung und Akkumulation winziger Verletzungen. Bacon glaubte, gute Hygiene könne die Alterung verlangsamen. Seine Abnutzungshypothese, heute allgemein als „wear and tear“ bezeichnet, hat moderne Nachfolger.[58]

Es ist durchaus möglich, dass sich einige der frühesten Ideen auf bestimmten Abstraktionsebenen als richtig erweisen könnten, aber sie sind natürlich so allgemein gefasst, dass sich daraus wenig direkte Folgerungen hinsichtlich einer möglichen Verlangsamung des Alterns ziehen lassen. Die von Bacon vertretene Hygiene hat uns zwar tatsächlich durch Verringerung von Infektionen große Gewinne an Lebenszeit gebracht, aber gegen den schleichenden Sensenmann kann sie allein wenig ausrichten.

Wir haben bereits die Aufspaltung in Keimbahnzellen und somatische Zellen bei den meisten vielzelligen Organismen als Hintergrund dafür ausfindig gemacht, dass Alterung somatischer Gewebe überhaupt stattfinden kann. Die Grundelemente der Wear-and-tear-Theorien basieren auf der Evolutionstheorie von Charles Darwin (1809–1882) und Alfred Russel Wallace (1823–1913) und wurden um 1885 von Friedrich Leopold August Weismann (1834–1914) formuliert.[59] Der Begründer des Neodarwinismus ging damals davon aus, dass die Erbinformation in somatischen Zellen nicht erhalten bleibt. Nachdem die Reproduktionsphase für eine Generation abgelaufen sei, so wurde beispielsweise von dem englischen Immunologen Peter Medawar (1915–1987), dem Vater der Mutations-Akkumulations-Theorie des Alterns, argumentiert, bewegten sich unsere Körper sozusagen im darwinistischen Leerlauf. Sie unterlägen (nahezu) keinem Selektionsdruck mehr, der ihre Funktion optimieren könnte. Dennoch läuft zunächst alles in unserem Körper einigermaßen ungestört weiter, genau wie auch ein nicht mehr zum Kundendienst gebrachtes Auto nicht sofort stehen bleibt. Bei pfleglicher Behandlung kann dies sogar über viele Jahrzehnte gutgehen, wie unsere immer längere Lebenserwartung zeigt. Während dieser Zeit entstehen durchaus weiterhin neue Körperzellen durch Teilung somatischer Zellen (und, wie wir heute wissen, aus der asymmetrischen Teilung von Stammzellen). Allerdings beginnt offenbar bereits früh eine langsame Degradation, deren Ursachen noch nicht vollständig aufgeklärt sind.

Vor dem Hintergrund der natürlichen Selektion stellt sich allerdings die Frage, warum die Reproduktionsphasen der meisten Lebewesen überhaupt enden, was wir eben als Ursache für den fehlenden Selektionsdruck gegen den Tod angenommen hatten. Schon 1870 wies der britische Biologe Edwin Ray Lankester (1847–1929) darauf hin, dass die Evolution zu sehr langlebigen Lebensformen mit vernachlässigbarer Alterung durchaus denkbar erscheint. Offensichtlich ist eine kurze reproduktive Phase und damit das Ende des Selektionsdrucks keineswegs ein Naturgesetz, sondern wird von der Situation bei Menschen unreflektiert auf andere Arten übertragen. Dass dies aber durchaus nicht so sein muss, zeigt die bereits vorstehend erwähnte bahnbrechende Studie[19] von 2014, die die Kurven von Fruchtbarkeit und Sterblichkeit bei 46 Spezies untersuchte (▶ Abbildung 1-10). Dabei fand man tatsächlich alle möglichen Verläufe der Sterblichkeits- und Fruchtbarkeitskurven bis hin zur biologischen Unsterblichkeit. Diese Ergebnisse sprechen auf den ersten Blick auch gegen einige weiterentwickelte Versionen der Mutations-Akkumulations-Theorie, etwa die evolutionsbiologisch begründeten Theorien der antagonistischen Pleiotropie von GEORGE C. WILLIAMS (1926 – 2010) oder die Disposable-Soma-Theorie TOM KIRKWOODS (*1951).[60] WILLIAMS hatte argumentiert, dass die Lebensdauer von Spezies deshalb nicht ins Unendliche anwachse, weil Gene, die sich erst in späteren Lebensjahren als positiv erweisen würden, kaum zum Tragen kommen, da in der Natur nur wenige Lebewesen an Altersschwäche sterben. Sie werden viel häufiger erbeutet oder sterben an Krankheiten und Parasiten. Folgt man dieser Überlegung, so sollten Arten mit vielen natürlichen Fressfeinden oder Parasiten in ihrem Habitat kurzlebiger sein als weniger gefährdete. Neuere Studien zu diesem vorhergesagten Effekt[61, 62] weisen genau dies an tausenden von Vogelpopulationen nach. Der Zusammenhang bestätigte sich sowohl für isolierte, lokale Populationen als auch global. Damit kann als gesichert gelten, dass Vererbung von Langlebigkeit von der Langlebigkeit selbst beeinflusst wird, genau wie es WILLIAMS gefolgert hatte. Allerdings sagen die Untersuchungen noch nichts aus über die Wirkungsmechanismen. Welche Gene sind es, die sich bei der Herausbildung von Langlebigkeit verändern? Heute versucht man, dieser Frage mit vergleichenden DNA-Untersuchungen an relativ langlebigen Spezies wie Menschen oder Elefanten nachzugehen.[63] Allerdings könnte der Effekt auch eine Ausprägung des schon erwähnten Phänomens sein, dass späte Vaterschaft die Langlebigkeit der Nachkommen begünstigt (▶ Seite 22).

Im zwanzigsten Jahrhundert erblickten zahlreiche neue Alterungstheorien das Licht der Welt und ältere erschienen als Wiedergänger in neuem Gewand. So gibt es etwa Theorien zu Programmierter Alterung, Immunologischer Alterung, Stoffwechselrate (*rate of living*), Quervernetzung (Crosslinking), Freie Radikale (*reactive oxygen species*), somatische DNA-Schäden, Telomerverkürzung und zahlreiche Varianten davon.

Immerhin konnten seit einigen Jahrzehnten eine größere Zahl plausibler Theorien über die zellulären Ursachen des Alterns nicht nur diskutiert, sondern auch praktisch ausprobiert werden. Versuche an unterschiedlichen Tiergruppen erreichten auf verschiedene Weise deutliche Verlängerungen der Lebenszeit. Teilweise genügen einfache Einflüsse wie eine extrem kalorienarme Diät, die Zufuhr bestimmter Stoffe oder das gezielte Ausschalten von Genen, um eine Verlängerungen der Lebenserwartung im hohen zweistelligen Prozentbereich zu erreichen.[64]

Andererseits werden einige lange hochgehaltene Theorien, etwa zur Rolle freier Radikale im Alterungsprozess, durch neuere Ergebnisse zunehmend in Frage gestellt und müssen wahrscheinlich überdacht und angepasst werden.[65] Andere, wie die Theorie sich immer stärker anhäufender somatischer Mutationen und Fehlsteuerungen, sind ebenfalls wahrscheinlich nicht allein für die Alterung maßgebend.

Bevor wir auf die einzelnen Theorien – die man eigentlich besser als Hypothesen bezeichnen sollte – näher eingehen, wollen wir uns im nächsten Abschnitt mit der Frage beschäftigen, ob es eindeutige Biomarker für Alterung gibt, an denen man den Erfolg eventueller Eingriffe in diesen Vorgang tatsächlich messen kann. Außerdem wollen wir einige in sehr seltenen Fällen bei Menschen auftretende Abweichungen vom normalen Alterungsprozess kennenlernen.

Messung von Alterungseffekten

Altern ist per Definition ein langsamer Prozess, der sich über die gesamte erwachsene Lebenszeit hinzieht und nur graduell zunimmt. Daraus resultieren grundsätzliche Schwierigkeiten bei der Untersuchung dieser Vorgänge. Alle Iterventionen durch möglicherweise wirksame Elexiere an langlebigen Organismen wie Menschen oder nahe verwandten Lebewesen ziehen sich viel zu lange hin und kommen somit in einem Forscherleben nicht zu eindeutigen Ergebnissen. Selbst Versuche mit Mäusen, die mit knapp zwei Jahren eine deutlich kürzere Generationszeit haben, sind noch sehr aufwändig und teuer. Probleme kann es auch geben, für diese Tiere über viele Jahre optimale Lebensbedingungen aufrechtzuerhalten. Hier können bereits plötzlicher Stress, beispielsweise durch ausfallende Klimaanlagen oder sonstige Störungen, jahrelang laufende Versuche ruinieren. Nicht zu vergessen sind auch die enormen Kosten für Unterbringung und Betreuung über lange Zeiträume. Versuche an Fruchtfliegen oder Nematoden mit Lebenszyklen im Bereich von einigen Wochen oder sogar an Hefezellen könnten hier Abhilfe schaffen, man entfernt sich damit aber auch im genetischen Stammbaum so weit vom Menschen, dass man sich immer wieder die Frage nach der Übertragbarkeit solcher Ergebnisse stellen muss.

Eine wichtige Rolle für die objektive Beurteilung der Wirksamkeit möglicher lebensverlängernder Stoffe spielt das ITP (Interventions Testing Program) des amerikanischen NIA (National Institut of Aging). Dabei werden die Substanzen an mehreren hundert Versuchsmäusen hoher genetischer Variabilität an drei unabhängigen Forschungsinstituten (University of Michigan, Jackson Laboratory in Maine und Barshop Institute an der Universität Texas) getestet. Große genetische Variabilität der Testorganismen ist entscheidend, um zu vermeiden, dass Effekte festgestellt werden, die nur an den genetisch sehr einheitlichen Labormäusen funktionieren und womöglich nur ein für diese Stämme typisches Problem lösen. Untersucht wird nicht nur die Steigerung der mittleren, sondern entscheidenderweise auch die der maximalen Lebenszeit. Sie ist definiert als der Durchschnitt der langlebigsten 10 Prozent der Individuen einer Gruppe. Weiterhin werden mögliche Biomarker für Alterung untersucht, beispielsweise der Glucosespiegel im Blut und die Körpertemperatur. Nur über solche an verschiedenen Institutionen einheitlich durchgeführten Testprogramme kann man einigermaßen Sicherheit über die Wirksamkeit einer Behandlung ganzer Populationen erlangen.

Pathologische Alterung

Will man normalen Mechanismen des Lebens auf die Spur kommen, ist es oft hilfreich, sich auch deren krankhafte Variationen anzusehen. So wären etwa die meisten Erkenntnisse der Genetik nicht denkbar ohne die zahlreichen Mutanten der Fruchtfliege *Drosophila melanogaster*. Deshalb versuchen Forscher den Gründen für krankhafte genetische Veränderungen des Alterungsprozesses auf die Spur zu kommen, obwohl diese äußerst selten auftreten.

Beschleunigtes Altern bei Kindern

Die Erscheinung beschleunigter Vergreisung bei Kindern (Progerie, *progressive aging syndrom*) ist zum Glück mit einem Fall auf 8 Millionen Geburten extrem selten. Sie ist als Progerie Typ I (Hutchinson-Gilford-Progerie-Syndrom, HGPS, Progeria infantilis) bekannt. Die Betroffenen haben nur eine Lebenserwartung von etwa 14 Jahren und sterben meist an Herzinfarkt oder Schlaganfall. Bei HGPS ist ein wichtiger stabilisierender

Bestandteil der Innenmembran von Zellkernen, das Lamin A, infolge einer spontanen auftretenden Punktmutation funktionsunfähig (prinzipiell ist der Defekt dominant erblich, aber die Merkmalsträger sterben meist, bevor sie Nachkommen haben). Statt des normalen Proteins Lamin A, das auch an der Regulation für die Ablesung von Genen und am Vorgang der Zellteilung beteiligt ist, wird durch einen Basenaustausch (▶ Abbildung 3-04) das veränderte Protein Progerin gebildet. Die winzige Mutation führt zu einer deutlichen Faltenbildung der Zellkernmembran, zu Fehlfunktionen adulter Stammzellen des Mesenchyms und schließlich zum Verfall insbesondere mesenchymaler Gewebe. Da ähnliche Veränderungen auch von Zellkernen hochbetagter Menschen bekannt sind, werden Veränderungen der inneren Zellkernmembran auch als Wirkmechanismus normaler Alterungsprozesse diskutiert.[66, 67] Man kann darin auch Hinweise auf eine wichtige Rolle von Stammzellen bei der Vermeidung von Gewebeschäden sehen (▶ Seite 151). Aufschlussreich ist auch, dass diese Patienten mit Telomeren normaler Länge geboren werden, bei jeder Zellteilung aber verkürzen sich die Chromosomen zehnmal schneller als bei gesunden Menschen. Dies ist ein sehr starker Hinweis darauf, dass die Telomere bei der Alterung eine Hauptrolle spielen.

Beschleunigtes Altern bei Erwachsenen

Bei Erwachsenen kommt ein ähnliches, mit einer von 300 000 Geburten ebenfalls sehr seltenes Krankheitsbild vor, das als Progerie Typ II (Werner-Syndrom, Progeria adultorum) bekannt ist. Bei dieser autosomal-rezessiv erblichen Erkrankung tritt eine schnelle Vergreisung etwa ab der Lebensmitte auf. Personen mit dem Werner-Syndrom haben nur eine Lebenserwartung von ungefähr 50 Jahren. Die Erkrankung basiert auf einem Schaden an den Genen für eine Helikase (► Abbildung 3-05). Dieses Enzym wird für die DNA-Replikation und für Reparaturprozesse an der DNA benötigt. Der Ausfall der Werner-Helikase führt zu einer erhöhten Mutationsrate und interessanterweise ebenfalls zu einer schnellen Verkürzung der Telomere. Im Gegensatz zu HGPS zeigen Werner-Syndrom-Patienten nicht nur ein erhöhtes Risiko für Herzinfarkt und Schlaganfall, sondern praktisch für das ganze Spektrum alterstypischer Erkrankungen.

Verzögertes Altern

Nicht nur ein unnatürlich schnelles Voranschreiten der Alterung ist ein schreckliches Schicksal für die Betroffenen, sondern auch das Gegenteil, welches man als *delayed aging syndrom* bezeichnen kann. Allein in Nordamerika lebt eine Handvoll Kinder, die anscheinend aufgrund einer genetischen Mutation nicht altern. Diese Kinder, die nie das Erwachsenenalter erreichen, bleiben über viele Jahre, teilweise sogar über Jahrzehnte im Stadium von Kleinkindern – eingefroren in der Zeit.

Leider kommt es in fast all diesen Fällen gleichzeitig zu zahlreichen Nebenerkrankungen wie z. B. Kreislaufproblemen und Gehirnschädigungen. Obwohl man für die Patienten beim momentanen Kenntnisstand nicht kurzfristig auf Hilfe hoffen kann, untersucht man sie natürlich sehr genau. Insbesondere versucht man, den genetischen Hintergrund für das Syndrom zu verstehen. Dies könnte Hinweise auf die Gene und Signalwege geben, die einerseits für den stark verlangsamten Alterungsprozess und andererseits vielleicht auch für das normale Altern von Bedeutung sind.

Alterungstheorien

Vorstehend haben wir punktuell bereits einige Theorien erwähnt, die zur Erklärung der Alterung im Laufe der Zeit entwickelt wurden. Wir wollen nun einen systematischeren Blick auf die heute noch in Erwägung gezogenen Theorien zur Alterung werfen (▸ Abbildung 4-01). Es sei nochmals erwähnt: Wahrscheinlich wird am ehesten eine Kombination dieser Theorien dem Phänomen gerecht. Alterungstheorien kann man ungefähr folgendermaßen gruppieren, wobei die Zuordnung nicht immer ganz eindeutig ist:

Fehlertheorien
+ Abnutzung (*wear and tear;* Weismann 1882)
+ Stoffwechselrate (*rate of living;* Rubners 1908)
+ Freie Radikale (*free radicals;* Gerschman, Harman 1954)
+ Quervernetzung von Biomolekülen (*Crosslinking;* Bjorksten 1942)
+ Somatische Mutationen (Medawar 1952)

Programmiertes Altern
+ Telomerverkürzung (*replicative senescence;* Hayflick 1961, Olovnikov 1971)
+ Sequential switching (Davidonovic 2010)
+ Immunitätsrückgang, Entzündungen (*immunologic theory;* Walford[68])
+ Hormoninduzierte Alterung (*endocrine theory;* Van Heemst)
+ Alterung von Stammzellen

4-01

Alterungstheorien im Überblick. Im Laufe der letzten Jahrhunderte wurden zahlreiche Hypothesen aufgestellt, die versuchen, den Alterungsprozess zu erklären. Die heute noch relevanten lassen sich grob einteilen in solche, die den Fokus auf Degeneration und Akkumulation von Fehlern legen, und solche, die einen gezielt ablaufenden Mechanismus dahinter annehmen. Dies hat natürlich einen entscheidenden Einfluss darauf, mit welchen Methoden man versuchen kann, den Alterungsprozess aufzuhalten. Sieht man den Schwerpunkt eher in Degeneration und Fehlerakkumulation, ist es schwierig, sich vorzustellen, dass man das Altern vollkommen stoppen kann. Viel besser stehen die Chancen, wenn sich die Theorien zu programmiertem Altern als richtig erweisen.

Fehlertheorien

Dieser Gruppe von Theorien führen die Alterung auf verschiedene Varianten von Abnutzung sowie Akkumulationen von Fehlern oder Abfallstoffen zurück, die Zellen und Organe eines Lebewesens nach und nach funktionsunfähig machen.

Dass es zu solchen Erscheinungen kommt, ist weitgehend unbestritten. DNA kann nie fehlerlos kopiert werden, Reparaturenzyme sind nicht hundertprozentig effektiv, und man findet in älteren Geweben tatsächlich intra- und extrazellular Moleküle, bei denen es sich um Abfallstoffe handelt, die nicht mehr abgebaut werden. Allerdings ist völlig unklar, ob diese Veränderungen ursächlich für das schließliche Versagen und den Tod sind, ob sie eher eine Nebenerscheinung sind, oder sogar die Folge programmierter Alterung. Jedenfalls verändert sich unser Körper bereits lange bevor limitierende Prozesse wie die unten angesprochene Hayflick-Grenze greifen.

Abnutzungstheorie

Diese in der angelsächsischen Literatur als „wear and tear" bezeichnete Hypothese, dass Zellen und Organismen ähnlich unvermeidlich durch unvorteilhafte Einflüsse und Abnutzung altern wie Autoreifen, ist wahrscheinlich schon Jahrtausende alt. Sie erscheint einfach natürlich, denn täglich sehen wir Dinge um uns herum auf diese Weise ihre Funktion verlieren. Mit Roger Bacon, Charles Darwin, August Weismann und anderen haben wir große Namen kennengelernt, die Varianten dieser Hypothese vertraten. Doch für Lebewesen muss ihre allgemeine Gültigkeit eher angezweifelt werden. Allein schon aus der Tatsache, dass es auch unsterbliche Zellen gibt (▸ Abbildung 1-08), geht klar hervor, dass Lebewesen dem Zerstörungswerk innerer und äußerer Einflüsse keineswegs schutzlos ausgeliefert sind. Solange sie über genügend Energie und die richtige Umgebung verfügen, können Zellen den Verfall aktiv bekämpfen und sich (zumindest evolutionär) sogar weiterentwickeln. Sie können unbegrenzt existieren. Schlechte Versorgung aber oder nicht mehr kompensierbare, verderbliche Einflüsse aus der Umwelt können das Ende bedeuten. Dabei kann der Zelltod direkt durch chemisch oder physikalisch wirkende Agenzien ausgelöst werden. Nicht selten aber werden Zellen in vielzelligen Organismen gar nicht gewaltsam oder durch einen erlahmenden Stoffwechsel getötet. Stattdessen lassen sie auf bestimmte Kommandos von außen bei unerwünschten inneren Zuständen ein gezieltes Todesprogramm ablaufen, die Apoptose. Damit unterstützt eine Zelle „selbstlos" Entwicklungsvorgänge in Geweben (etwa das Absterben der zwischen Fingergliedern embryonal angelegten Schwimmhäute) oder schützt den Gesamtorganismus vor ihrer eigenen Fehlsteuerung (beispielsweise bei Detektion von Tumorpotenzial). Dies widerspricht nicht der Evolutionstheorie, da ja die somatischen Zellen eines Vielzellers ohnehin keine Nachkommen für die nächste Generation stellen, sondern diese Aufgabe an die Geschlechtszellen delegiert ist.

Stoffwechselrate

Als Pionier dieser Theorie gilt der deutsche Physiologe Max Rubner (1854–1932). Seine Annahme, die Lebenszeit von Zellen und Lebewesen könnte von der Intensität ihres Stoffwechsels (engl. *rate of living*) abhängen[69], erscheint zunächst sehr plausibel. Je stärker ein Feuer brennt, desto früher ist es ausgebrannt. Und ein hochgezüchteter Rennwagenmotor geht wahrscheinlich schneller kaputt als ein gemächlich laufender Traktor. Es leuchtet auch ein, dass bei höherem Durchsatz von

Nährstoffen mehr schädliche Nebenprodukte entstehen könnten. Doch ist es so einfach? Oft beobachtet man tatsächlich, dass größere Tiere, etwa Menschen oder Elefanten, besonders lange leben. Und größere Tiere haben in aller Regel auch eine niedrigere Stoffwechselrate. Der Grund dafür ist einfach: Wenn ein Objekt größer wird, wächst seine Oberfläche und sein Volumen nicht in gleichem Maße. Die Oberfläche nimmt mit der Größe quadratisch zu, das Volumen aber mit der dritten Potenz. Vergleicht man ein Tier mit einem anderen ähnlichen Körperbaues aber 10-facher Körperlänge, so hat letzteres eine 100 Mal größere Oberfläche, aber ein 1000 Mal größeres Volumen. Würde der Zellstoffwechsel, das „Feuer" in den Zellen, bei großen und kleinen Tiere gleich intensiv ablaufen, so würden entweder Erstere auskühlen oder Letztere an Überhitzung sterben. Die kontinuierlich produzierte Wärme muss schließlich irgendwie durch die Oberfläche abgeleitet werden. Dies ist natürlich sehr vereinfacht und berücksichtigt beispielsweise nicht die Wärmeabfuhr durch die Atemluft. Trotzdem stimmt das grobe Bild. Eine Maus hat einen viel intensiveren Stoffwechsel als etwa ein Elefant. Doch Vorsicht: Nur weil zwei Größen miteinander korrellieren, ist noch lange kein kausaler Zusammenhang nachgewiesen. Und bei genauerer Betrachtung erweist sich denn auch die Aussage, dass größere Lebewesen mit entsprechend langsamerem Stoffwechsel auch langsamer altern, zwar als gute Faustregel, aber keineswegs als Gesetz. So altern Fledermäuse etwa 10 Mal langsamer als Mäuse, obwohl sie einen mindestens genauso aktiven Stoffwechsel besitzen.

Freie Radikale und oxidativer Stress

Diese von Denham Harman (*1916) im Jahre 1954 bekannt gemachte Theorie[70, 71] galt lange als fast schon offizielle Lehrmeinung, was die Ursachen des Alterns anbelangt. Sie besagt, dass die besonders bei der Zellatmung in den Mitochondrien nachweislich entstehenden Sauerstoffradikale viele komplexe Biomoleküle wie Lipide (Membranbestandteile), Proteine (Enzyme und Strukturproteine) sowie Nukleinsäuren (Erbmaterial DNA und RNA) angreifen. An der grundsätzlichen Schädlichkeit hoher Konzentrationen der hochreaktiven ROS (*reactive oxygen species*) bestehen eigentlich kaum Zweifel. Insbesondere das Hydroxylradikal OH, das Superoxid-Anionenradikal O_2^- sowie Wasserstoffperoxid (H_2O_2) reagieren mit allem organischen Material, das ihnen in den Weg kommt. Radikale sind meist sehr instabile Moleküle, die ein einzelnes Außenelektron besitzen (normalerweise entstehen chemische Bindungen zwischen Atomen, indem zwei Elektronen Paare bilden). Sie können sich durch Reaktionen stabilisieren, bei denen sie den Einzelgänger loswerden. Das Gemeine daran: Wird das ungepaarte Elektron auf ein anderes Molekül übertragen, so wird dieses dabei zu einem Radikal – es kann zu ganzen Kettenreaktionen kommen, bis durch Rekombination zweier Radikale ein stabiler Endzustand erreicht ist. Die übermäßige Einwirkung solcher agressiver Substanzen wird normalerweise von den Zellen durch „Ge-

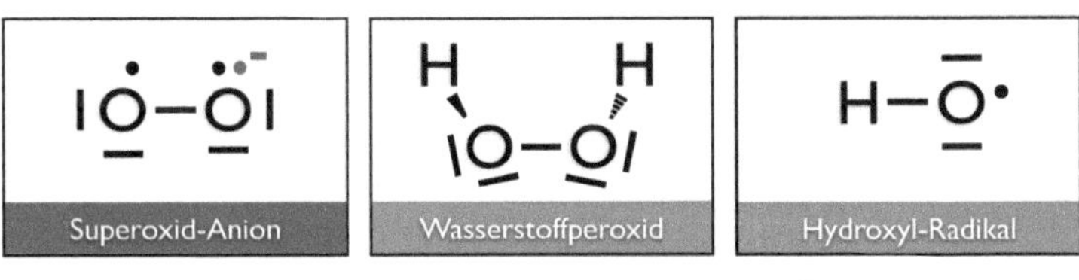

4-02

Reaktive Sauerstoffspezies.. Unter dem Begriff (*reactive oxygen species*, ROS) fasst man einige chemisch sehr instabile sauerstoffhaltige Moleküle zusammen, die leicht mit organischen Molekülen in ihrer Umgebung reagieren und dadurch insbesondere biologische Makromoleküle leicht schädigen können.

gengifte“ in Schach gehalten, nämlich durch von ihnen speziell dafür bevorratete oxidierende bzw. reduzierende Stoffe. Sind sie dazu nicht ausreichend in der Lage, so tritt ein Ungleichgewicht auf. Dies wird als oxidativer Stress bezeichnet. Auf besagter Lehre beruht inzwischen eine ganze Industrie, die Nahrungszusatzstoffe wie Vitamin A, Flavonoide etc. anbietet, mit denen Radikale abgefangen werden können. Bereits HARMAN ging davon aus, dass dies möglicherweise wegen der zusätzlichen Membran um Mitochondrien direkt am Entstehungsort nicht möglich ist, dass sich aber sehr wohl die restliche Zelle schützen lässt.

Es gibt aber inzwischen Hinweise, dass diese Theorie relativiert werden muss. Neue Studien zeigen, dass eine übermäßige Zufuhr von Antioxidantien die Lebenszeit manchmal auch verkürzen und die Wahrscheinlichkeit von Krebs erhöhen kann.[72] Als Erklärung für diese zunächst absurd anmutenden Befunde wird vorgeschlagen, dass Radikale auch im normalen Zellstoffwechsel eine Rolle als Signalsubstanzen spielen und zum Beispiel für die Aktivierung leistungsfähiger DNA-Reparaturmechanismen notwendig sind.[73] Reduziert man sie zu stark, so kann das möglicherweise auch negative Auswirkungen haben.[65]

So vermag wohl niemand mit Bestimmtheit zu sagen, ob die heute in großer Vielfalt als Anti-Aging-Mittel angebotenen Nahrungszusatzstoffe gegen oxidativen Stress sehr nützlich, gänzlich unnötig oder für einige Gruppen (z. B. Raucher) sogar eher schädlich sind. Übrigens ist die Bezeichnung für psychologischen Stress und metabolischen Stress nicht nur zufällig gleich gewählt. Glaubhaft erscheinende Untersuchungen[74, 75] können belegen, dass hier tatsächlich Zusammenhänge bestehen (▶ Seite 117). Psychosozialer Stress kann sich anscheinend, etwa über die Wirkung ausgeschüttete Hormone, auf den Zellstoffwechsel auswirken und oxidativen Stress mildern oder steigern.

Quervernetzung von Biomolekülen

Der finnische Gerontologe Johan Bjorksten (1907–1996) entwickelte um 1942 die Theorie, dass Altern auf sogenanntes Crosslinking zurückgeführt werden kann.[76, 77, 78] Damit ist eine unkontrollierte inter- und intramolekulare Quervernetzung von Molekülen gemeint. Im Zuge der chemischen Folgereaktionen bei oxidativem Stress entstehen tatsächlich viele Zwischenprodukte, die in unvorhersehbarer Weise miteinander reagieren und zahlreiche quervernetzte Moleküle bilden. Insbesondere können Zucker leicht zu sogenannten AGEs (*advanced glycation endproducts*) umgesetzt werden. Dabei handelt es sich um vernetzte Verbindungen von Proteinen oder Membranbestandteilen mit Hydroxylgruppen verschiedener Zucker. Diese sehr variablen Strukturen sind anscheinend vom Organismus nicht mehr abbaubar, da keine entsprechenden Enzyme vorhanden sind. Derartige Verbindungen lagern sich ab und führen zur Versteifung von Geweben. Ein Beispiel ist das Lipofuszin, das insbesondere in älteren Herzmuskeln entsteht und auch für Altersflecken der Haut verantwortlich ist. Manche Autoren haben die Versteifungen auch mit dem Verkleben alter, seit Jahren unbenutzt herumlieger Gummibänder oder mit den Vorgängen beim Gerben von Leder verglichen. Wieder kann man sich fragen, ob wir es hier mit einer Ursache oder einer Folge der Zellalterung zu tun haben. Die Tatsache, dass es Organismen mit so unterschiedlicher Lebenserwartung gibt, spricht eher für Letzteres.

Vielleicht schaffen es seneszente Zellen einfach nicht mehr, die molekularen Komponenten zuverlässig an die richtigen Stellen zu transportieren und leisten den Fehlreaktionen so Vorschub. Aber auch wenn Quervernetzung nur die Folge und nicht die Ursache von Alterung ist, haben wir es hier möglicherweise mit einem der wichtigsten Wirkmechanismen zu tun, und der Versuch, in diese Prozesse einzugreifen, würde sich lohnen. Quervernetzung in Kollagen führt zu Runzeln der Haut sowie zur Versteifung von Arterien, Bändern und Knorpeln. Sie bewirkt also viele der auffallendsten und schädlichsten Auswirkungen des Alters. BJORKSTEN beschäftigte sich übrigens auch mit der Wirkung von Aluminiumionen[79, 80, 81] bei denen er feststellte, dass sie nicht nur Quervernetzungen fördern, sondern auch eine bedenkliche Rolle bei der Entwicklung von Alzheimer-Erkrankungen spielen. Tatsächlich gibt es Berichte, dass etwa in bestimmten Gebieten Frankreichs, in denen Wasserwerke noch die veraltete Methode der Phosphatfällung mit Aluminiumsalzen anwenden, doppelt so viele Alzheimerfälle auftreten als anderswo. In den Gehirnen von Alzheimer-Patienten wiederum findet man regelmäßig überhöhte Aluminiumkonzentrationen. Aber nicht nur Metallionen können Quervernetzung fördern, sondern auch freie Radikale. (Also quasi eine Quervernetzung zwischen den Theorien.)

Hier wartet noch eine Menge Arbeit auf Forscher, die sich die Verjüngung von Organismen auf die Fahne geschrieben haben. Wie kann man die AGEs möglicherweise doch wieder loswerden? Können sie vielleicht von gesunden Zellen mit den Resten abgetöteter Zellen aus Geweben entfernt werden? BJORKSTEN hielt es für möglich, aus Bakterien Enzyme zu isolieren, die AGEs abbauen können. Oder bleibt schließlich nur, ganze Organe durch neue, aus Stammzellen herangezüchtete, zu ersetzen, wie dies inzwischen in einigen Fällen gelang[82]?

Somatische Mutationen

Alle Lebewesen sind ständig Beschädigungen der DNA ausgesetzt. Allein schon die ungeheure Komplexität dieser Biomoleküle bietet Milliarden von Angriffspunkten, also Stellen, an denen etwas schiefgehen kann.

Pro Tag entstehen in einer Säugetierzelle bis zu 100 000 Schäden[83], die, falls sie unrepariert bleiben, zum Zelltod oder zu Tumoren führen können. Dies beruht zum Beispiel auf Ungenauigkeiten bei der DNA-Replikation vor Zellteilungen. Sie treten zwar bei den hochentwickelten Enzymkomplexen der Eukaryoten sehr viel seltener auf als bei Prokaryoten, sind aber dennoch unvermeidlich. Fehler entstehen zudem über chemische Modifikationen oder Strangbrüche der DNA. Ursachen sind im Körper entstehende oder von außerhalb zugeführte mutagene Substanzen, die mit der DNA Reaktionen eingehen, oder ionisierende Strahlung. Ionisierend heißt elektromagnetische oder Teilchenstrahlung, die, wenn sie energiereich genug ist (mehr als etwa 5 Elektronenvolt), Elektronen aus Atomen oder Molekülen herausschlagen kann. Dabei werden direkt oder indirekt reaktive Ionen erzeugt. Wir sind solcher Strahlung ununterbrochen ausgesetzt, beispielsweise durch die ständig auf die Atmosphäre einprasselnde kosmische Strahlung oder aus radioaktiven Erzen im Boden. Weitere Belastungen ergeben sich aus strahlenden Resten von Atombombenexplosionen und beschädigten Reaktoren. Ein kleiner Teil ist Strahlung, die bei Röntgenuntersuchungen, insbesondere bei der Computertomographie, angewendet wird.

Unsere Zellen besitzen zahlreiche Reparaturmechanismen, um Mutationen aufgrund all dieser Einflüsse im Zaum zu halten, was aber nicht in jedem Fall gelingt, insbesondere wenn an einer Stelle der DNA beide Stränge gebrochen sind. Zellen verfügen sogar über Steuermechanismen, die die Zellteilung bei beschädigter DNA anhalten, bis Reparaturen beendet sind. Hier dient der Tumorsuppressionsfaktor p53 als zentrale Schaltstelle.

Kann ein DNA-Schaden nicht repariert werden, so wird dies meist vor der Replikation erkannt, und ein programmierter Zelltod (Apoptose) wird eingeleitet. Darauf beruht die Chemo- und Strahlentherapie von Krebs, da wachsende Tumorzellen in der Teilungsphase besonders empfindlich reagieren.

Ruhende Zellen, die sich gerade nicht vermehren, sind durch die Schädigungen weit weniger betroffen, aber in ihnen können sich DNA-Schäden über längere Zeiträume unerkannt anhäufen und schließlich zu Fehlfunktionen führen. Wird durch eine neue Mutation die Regulation des Wachstums abgeschaltet, können auch solche Zellen zu Krebszellen mutieren.

Die DNA-Schadenstheorie geht von einem fortschreitenden Anhäufen schädlicher Mutationen in der Zellkern- oder Mitochondrien-DNA aus (▸ Abbildung 4-03), die schließlich zu immer mehr Funktionsausfällen und am Ende zum Tod führt. Für diese Theorie spricht beispielsweise, dass bereits 1974 eine Korrelation zwischen Aktivität der Basenexzissionsreparatur (Ersetzung einzelner chemisch geschädigter Nukleobasen) und der Lebenserwartung in einigen Säugetierarten gefunden wurde.[84]

Ursachen	Schäden	Reparaturmechanismen
Ungenaue Replikation	Basenmodifikation	Basenexzisionsreparatur
Reaktion mit Stoffwechselprodukten	Basenfehlpaarungen	Nukleotidexzisionsreparatur
Chemische Substanzen	Basenverlust	Korrekturlesung durch DNA-Polymerase
Ionisierende Strahlung	Veränderungen der Desoxyribose	Photoreaktivierung
	DNA-Protein-Quervernetzungen	Rekombinationsreparatur
	DNA-DNA-Quervernetzungen	
	Einzelstrangbrüche	
	Doppelstrangbrüche	

4-03

DNA-Schäden und Reparatur. Unvermeidliche Schäden, die die DNA bei zelleigenen Stoffwechselprozessen oder durch Einwirkung externer Mutagene erleidet, führen zu einer Vielzahl von Schäden. Ausgefeilte Reparaturmechanismen können die meisten beseitigen. Nicht reparable Schäden führen zu Mutationen. Sie können Ursache für den Zelltod oder für die Entstehung von Tumoren sein.

Programmierte Alterung

Die Alterungsgeschwindigkeit von Organismen ist größtenteils genetisch vorgegeben. Das lehren uns nicht nur die unterschiedlichen Lebenserwartungen verschiedener Spezies (▸ Kapitel 1), sondern auch Studien an Geschwistern.[85] Darin wurde gezeigt, dass die Chance, hundert Jahre alt zu werden, familiär stark gehäuft auftritt. Umweltfaktoren und Bekämpfung von Krankheiten beeinflussen die durchschnittliche Lebenszeit zwar deutlich, kaum aber die maximal erreichbare. Deshalb fragen sich Wissenschaftler seit DARWIN, wie sich eine genetisch festgelegte Lebensdauer überhaupt evolutionsbiologisch erklären lässt. Denn „Nichts in der Biologie ergibt einen Sinn außer im Licht der Evolution", wie der bedeutende Evolutionsbiologe THEODOSIUS DOBZHANSKY (1900 – 1975) einmal schrieb. Bereits oben (▸ Seite 93) haben wir einige der Schwierigkeiten diskutiert, welche die Vorstellung einer Selektion auf frühes Altern bereitet, wie sie gelegentlich vorgeschlagen wurde.[86, 87]

Im Überlebenskampf ist es stets vorteilhaft, mehr Nachkommen zu haben, denn von nichts anderen hängt der evolutionäre Erfolg ab. Schwer vorzustellen also, dass es einen Selektionsdruck hin zu früher Alterung überhaupt geben kann. Nicht auszuschließen sind jedoch die erwähnten antagonistischen Gene, die früh im Leben so wichtig sind, dass eine negative Wirkung im höheren Alter wettgemacht wird, das die Organismen in der Natur meist ohnehin nicht mehr erreichen (Pleiotropie).[88]

Wie auch immer die evolutionsbiologische Erklärung[89, 90] aussieht, eine seit vielen Jahrzehnten verfolgte Alterungstheorie geht von einer für jede Spezies vorgegebenen maximalen Anzahl von Zellteilungen aus, durch die der Tod vorprogrammiert ist. Vieles spricht dafür, dass dieser Mechanismus tatsächlich existiert und eine grundlegende Rolle spielt, wenn auch mit einiger Sicherheit nicht die einzige.

Telomere – Zündschnüre des Todes?

Die eingängige Metapher „Zündschnüre des Todes" finden wir immer wieder in populären Beschreibungen zur Forschung an sogenannten Telomeren. Und nach der Telomerverkürzungstheorie sind sie auch genau das. Telomere sind informationsleere Endstücke an Chromosomen, die diese ähnlich dem Plastikschutz am Ende von Schnürsenkeln stabilisieren. Sie verhindern deren Abbau und die Verschmelzung mit anderen Chromosomen. Bei jeder Teilung normaler Körperzellen werden die Telomere etwas kürzer, da sie nicht vollständig kopiert werden. Irgendwann sind sie zu kurz, und es kommt zur Katastrophe.

Die Entdeckung, dass Zellen in Kultur nicht unendlich teilungsfähig sind, geht auf den Gerontologen Leonard Hayflick (*1928) zurück. Er hatte 1961 festgestellt, dass Zellkulturen von Abkömmlingen normaler somatischer Körperzellen keineswegs, wie zuvor angenommen, endlos fortgepflanzt werden konnten.[91] Sie teilten sich nur etwa 50 bis 100 Mal, was auch etwa der Zahl an Zellteilungen entspricht, die die Zellen im Leben eines Menschen durchmachen würden (Hayflick-Grenze). Wenn keine Teilung mehr möglich war, starben die gealterten Zellen schließlich ab. Ein Mensch könnte danach bis zur Hayflick-Grenze eine maximale Lebensdauer von ungefähr 125 Jahren erreichen. Eine entsprechende Grenze gibt es offensichtlich bei Prokaryoten nicht.

Interessant ist es, die Unterschiede zwischen der Zellteilung in der Keimbahn (Meiose) und in somatischen Zellen (Mitose) vielzelliger Organismen zu betrachten. Im Jahr 1971 schlug der russische Theoretiker Alexey Matveyevich Olovnikov (*1936) als Erster einen Mechanismus vor, nach dem Chromosomen ihre Enden nicht vollständig replizieren, sondern sich die DNA bei jeder Replikation um einen bestimmten Betrag verkürzt, da die Polymerase nicht bis zum Ende eines DNA-Stranges arbeiten kann.[92] Olovnikov konnte damit die Hayflick-Grenze theoretisch erklären. Er erkannte auch, dass dies ein Grund für Zellalterung sein konnte, und sagte die Existenz des Enzyms Telomerase voraus, das Telomere verlängern kann. Es musste in den Zellen unsterblicher Ziellinien und auch in Keimzellen aktiv sein, bei denen stets wieder lange Telomere entstehen.

Nun war auch klar, warum Prokaryoten nicht vom selben Problem betroffen waren. Bei ihnen liegt die DNA als ringförmige Struktur im Zellplasma vor. Diese ringförmige DNA ist wegen des völlig anderen Replikationsmechanismus überhaupt nicht auf Telomere angewiesen.

Die Verkürzung der Telomere an den Enden der Chromatiden kann offensichtlich durch das Enzym Telomerase rückgängig gemacht werden. Die endliche Anzahl von Teilungen betrifft ja, wie wir an HeLa-Zellen gesehen haben (▶ Seite 26) keineswegs alle Zellen. Würden sich auch die Telomere der Geschlechtszellen ständig verkürzen, wären unsere Nachkommen nach wenigen Generationen nicht mehr lebensfähig. Auch einige andere Zellen, man nennt sie transformierte Zellen, entgehen dem Zelltod und schalten offenbar in einen Modus, der ihnen unbegrenzt viele weitere Teilungen erlaubt, genau wie bei Einzellern. Die Fähigkeit, sich häufiger teilen zu können, kommt ebenfalls bei Stammzellen vor. Darauf mag es beruhen, dass bereits vor HAYFLICKS Entdeckung Zellkulturen bekannt waren, die aus potenziell unsterblichen (transformierten) Zellen bestanden. Allerdings sind nicht alle Stammzellen beim Menschen wirklich unendlich teilungsfähig.[93] Offensichtlich wird die Verkürzung durch die normale Aktivität der Telomerase in manchen Stammzellen nicht restlos vermieden. Dafür sprechen neue Befunde an einer 115 Jahre alten Frau, deren weiße Blutzellen alle im Vergleich zu ihren Gehirnzellen sehr kurze Telomere aufwiesen. Sie stammten nur noch von zwei Linien blutbildender Stammzellen ab. Anscheinend waren alle anderen Blutstammzellen schon in die Seneszenz eingetreten oder sogar abgestorben.

Verlieren transformierte Zellen die Fähigkeit, auf Hemmsignale aus der Umgebung zu reagieren, können sie zu Krebszellen entarten. Es ist also interessant, ob gezielte Hemmung der Telomerase zur Krebsbekämpfung beitragen kann oder ob es sinnvoller ist, kurze Telomere zu verlängern und damit den Alterungsprozesses zu zügeln, der ja seinerseits mit erhöhter Krebsgefahr einhergeht.

Für die 1975 bis 1977 durchgeführte molekulargenetische Aufklärung dieser Vorgänge erhielt Elizabeth Blackburn zusammen mit Carol Greider und Jack Szostak im Jahr 2009 den Nobelpreis für Physiologie und Medizin. Sie hatten Telomerase an Wimpertierchen (*Tetrahymena*) untersucht und dabei nicht nur das physische Korrelat zum theoretischen Alterungsmechanismus Olovnikovs entdeckt, sondern auch das Enzym Telomerase identifiziert, das Telomere verlängern kann. Olovnikov ging beim Nobelpreis leider leer aus. Die oft gehörte Behauptung, seine Entdeckung wäre im Westen kaum bekannt gewesen, möchte

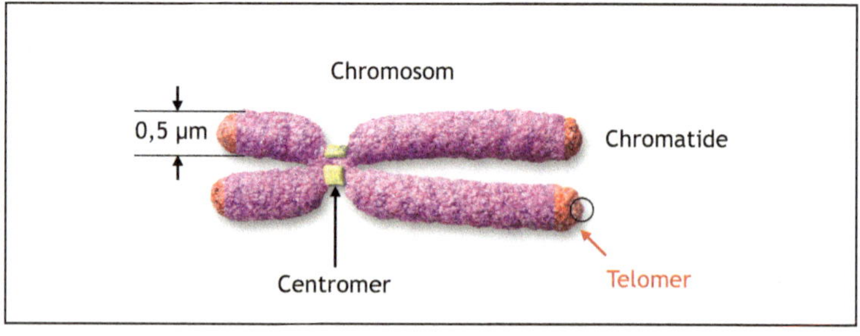

4-04

Chromosomen und Telomere. Telomere sind unterschiedlich lange Endbereiche von Chromosomenarmen (Chromatiden). Sie bestehen aus einer vielfach wiederholten informationsleeren DNA-Sequenz und sind mit Proteinen assoziiert. Ihre Aufgabe ist es, die Chromosomenenden vor Abbau und fehlerhafter Verschmelzung mit anderen Chromosomen zu schützen.

ich bestreiten. Zumindest war sie mir persönlich, als damals nicht einmal 20-jährigem Studienanfänger der Genetik wohlbekannt. Die Nobelpreisträger erkannten unter anderem, dass Telomere aus einer großen Zahl sich wiederholender Basenabfolgen bestehen (▶ Abbildung 4-04). Bei Menschen und anderen Wirbeltieren sowie bei vielen weiteren Organismen handelt es sich dabei um die Sequenz $(TTAGGG)_n$, wobei n = 10 000 sein kann. Andere Stämme besitzen sehr ähnliche Sequenzen. Die Telomerregion der DNA ist an ihrem Ende zu einer charakteristischen Schleifenstruktur (Palindrom) umgeklappt, bei der ein überstehender Einzelstrang mit sich selbst eine Basenpaarung eingeht (▶ Abbildung 4-05) und zusätzlich mit Proteinen assoziiert ist.

Wird DNA vor der Zellteilung von einem DNA-Replikase-Enzymkomplex dupliziert, so geschieht dies nicht ganz vollständig. Man kann sich stark vereinfacht vorstellen, dass der große Enzymkomplex einfach selbst zu viel Platz beansprucht, um bis zum Ende entlangzugleiten. Dies hat unweigerlich zur Folge,

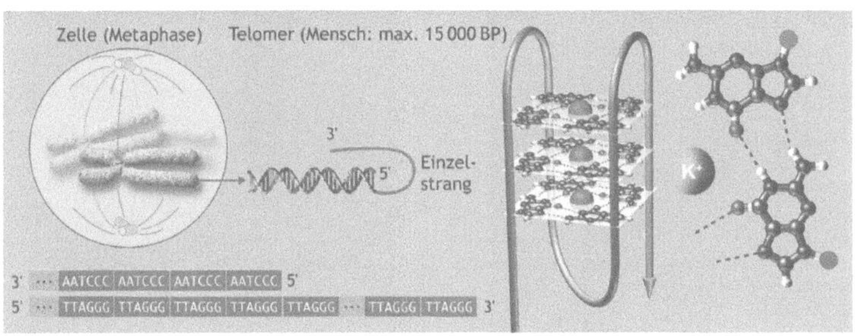

4-05

Bau der Telomere. Inzwischen kennt man einige Details der molekularen Struktur von Telomeren. Die guaninreichen DNA-Sequenzen des überstehenden Einzelstrangs bilden sogenannte G-Quadruplexe (G-Tetraden, G4-DNA), bei denen sich der Strang zurückfaltet. Die Guaninbasen bilden dabei über Wasserstoffbrücken ebene quadratische Komplexe, die zusätzlich von je einem Kaliumion stabilisiert werden.

dass Telomere mit jeder Zellteilung um etwa 100 Nukleotide kürzer werden. Da diese Endstücke selbst keine Information tragen, ist das zunächst nicht schlimm. Der Prozess beginnt bereits in der Embryonalentwicklung, sodass die beim Menschen ungefähr 15 000 Basenpaare langen Telomere bereits bei der Geburt nur noch halb so lang sind, wie im befruchteten Ei.[94] Vereinfacht gesagt: Jede Spezies hat eine bestimmte Reserve, die bei Menschen ca. 10 000 Basenpaare ausmacht. Die Reserve reicht für eine bestimmte Anzahl Zellteilungen, in menschlichen Zellen etwa 50 bis 100. Danach ist allerdings Schluss.

Unterschreiten die Telomere eine Minimallänge von etwa 5 000 Nukleotiden, so gehen die Zellen in einen Ruhezustand

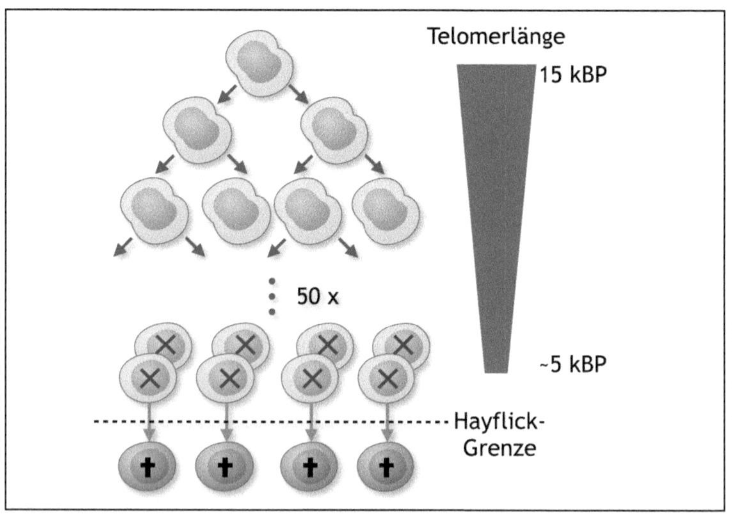

4-06

Hayflick-Grenze. Die Länge der Telomere (in Kilobasenpaaren) nimmt bei sterblichen Organismen von der Zeugung an ständig ab. Unterschreitet sie eine Grenzlänge, stellt die Zelle die Teilung ein und wird zu einer sogenannten seneszenten Zelle. Ohne Möglichkeit zu weiterer Teilung stirbt sie schließlich ab.

(replikative Seneszenz) über. Sie teilen sich dann normalerweise nicht mehr und degenerieren nach und nach. Teilen sie sich weiter, werden erstmals informationstragende Bereiche unvollständig repliziert und, so die begründete Annahme, treten zunehmend Fehlsteuerungen und degenerative Prozesse in Erscheinung. Dies ist wahrscheinlich eine der Ursachen dafür, dass viele Spezies eine auf diese Weise genetisch vorgegebene Lebenszeit haben (▶ Abbildung 4-06).

Manche Firmen, darunter das Unternehmen Telome Health, an dessen Gründung ELIZABETH BLACKBURN beteiligt war, bieten Tests der Telomerlänge inzwischen auch kommerziell an. Mit ihnen soll sich die individuelle Restlebenserwartung abschätzen lassen. Betrachtet man den Vorhersagewert von Telomerlängen für die zu erwartende Restlebenszeit oder den Zeitpunkt des Einsetzens bestimmter altersspezifischer Erkrankungen, so ist der Zusammenhang nicht immer deutlich ausgeprägt. Bereits früher war die Telomertheorie angegriffen worden, da beispielsweise Chromosomen von Mäusen sehr lange Telomere haben, sodass sie an anderen Ursachen sterben, lange bevor die Schallmauer der Hayflick-Grenze erreicht wird.[95] Möglicherweise hält ja Gevatter Tod doch mehrere Mechanismen bereit, um uns zu gegebener Zeit zu holen, und die Telomerlänge definiert nur eine von mehreren Hürden zur Unsterblichkeit.

Die gleichzeitig mit BLACKBURN ausgezeichnete CAROL GREIDER glaubt ebenfalls nicht, dass solche Tests zum gegenwärtigen Zeitpunkt hilfreich sind. Genauere Untersuchungen wurden inzwischen mit der T/C-FISH-Technik (Telomere/Centromere-Fluorescence in situ Hybridisierung) durchgeführt. Mit dieser Methode lassen sich Telomerlängen sogar bei individuellen Chromosomenarmen bestimmen (▶ Abbildung 4-07). Ergebnisse an über 200 menschlichen Probanden haben interessante Details zutage gefördert. Etwa, dass Telomere bei Frauen gene-

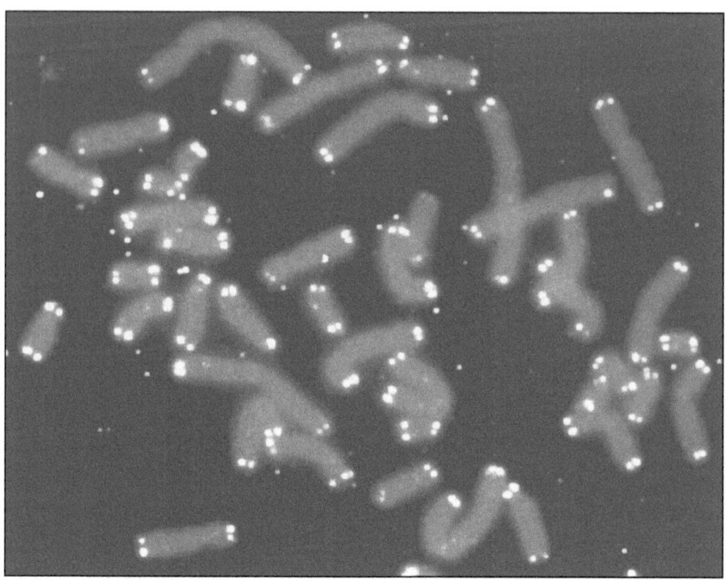

4-07

Telomere sichtbar gemacht. Die Telomere an den Enden beider Chromatiden menschlicher Chromosomen (grau) können durch die FISH-Technik (Fluoreszenz in situ Hybridisierung) sichtbar gemacht werden. Dabei werden zu den Telomersequenzen komplementäre DNA-Stücke an einen Fluoreszenzfarbstoff gebunden. Über die DNA-Basenpaarung binden diese Sonden spezifisch an die Chromosomenenden und machen sie durch Fluoreszenz sichtbar.

rell länger sind und bei Teilungen langsamer abnehmen als diejenigen von Männern. Dies passt wiederum gut zu der bekannten Tatsache, dass Frauen unter sonst gleichen Umständen eine um mehrere Jahre höhere Lebenserwartung haben. Zusätzlich fand man heraus, dass die Telomerlänge an unterschiedlichen Chromosomenarmen nach einem gewissen Muster variiert, welches sich ähnlich unter Frauen und unter Männern wiederholt. In jedem der untersuchten Fälle aber nahm die Telomerlänge eines bestimmten Chromosomenarmes tatsächlich mit zunehmendem Alter linear ab.[96]

Der Einfluss der Telomerlänge steckt auch hinter der oben erwähnten Beobachtung, dass Kinder älterer Väter sehr gute Chancen haben, selbst ein hohes Alter zu erreichen. Dieser Effekt ist sogar noch ausgeprägter, wenn auch die Zeugung des Vaters durch den Großvater schon spät im Leben des Großvaters erfolgt war. Der Zusammenhang wurde 2012 durch Auswertung einer über 16 Jahre an einer Kohorte von 3 327 schwangeren Frauen auf den Philippinen durchgeführten Studie bewiesen.[13] Als Erklärungsmodell hinter diesen Beobachtungen nehmen die Autoren an, dass Telomerasen lebenslang in den samenbildenden Zellen der Hoden aktiv sind und für eine immer bessere Ausgangslänge sorgen, je länger die Vorläuferzellen der Spermien ihrem Einfluss ausgesetzt sind. Dies könnte auch eine Teilerklärung für die eingangs (▶ Seite 22) erwähnte Beobachtung sein, dass Menschen in Industrienationen heute deutlich länger leben, als noch vor fünfzig Jahren. In dieser Zeit hat sich nämlich, wie wir gesehen haben (▶ Kapitel 1), auch das mittlere Alter der Eltern erhöht. Es bliebe statistisch zu untersuchen, wie viel des Effekts sich allein schon dadurch erklären lässt.

Die Länge von Telomeren ist aber anscheinend nicht absolut vorgegeben, sondern möglicherweise über äußere Faktoren auch während des Lebens beeinflussbar. So gibt es Hinweise darauf, dass psychosomatischer Stress zu vorzeitiger Verkürzung von Telomeren führen kann. Beispielsweise scheint auch die Telomerlänge von Kindern verkürzt zu sein, die Gewalt in der Familie ausgesetzt waren.[97, 98] Der Mechanismus dahinter ist aber bisher völlig unklar. Dies weist wiederum auf mögliche Querverbindungen zwischen den Alterungsmechanismen hin, deren Erforschung erst in den letzten Jahren langsam begann und die noch lange nicht abschließend verstanden sind.

Sequential switching

Eine etwas aus dem Rahmen fallende Hypothese zur Alterung wurde von Mladen Davidovitch (*1946) ins Spiel gebracht.[94] Er sieht eine mögliche Instabilität des Genoms und dessen angenommene Neigung zu Degeneration unter der Einwirkung immer wieder vorkommender Aktivierungs- und Deaktivierungsprozesse von Genen als hauptsächlichen Alterungsmechanismus. Davidovitch geht davon aus, dass die unterschiedliche Geschwindigkeit, mit der Individuen altern, auf stabilere „egoistische" Gene zurückgehen, die diesem Degenerationsprozess mehr Widerstand entgegensetzen sollen. Mir persönlich fällt es schwer, diese Hypothese nachzuvollziehen und für wahrscheinlich zu halten, auch wenn sie an das durchaus plausible Konzept eines „egoistischen Gens" anknüpft, das von Richard Dawkins in seinem berühmten Buch popularisiert wurde. Ich möchte diese Hypothese deshalb hier nur der Vollständigkeit halber erwähnen.

Immunsystem und Entzündungsreaktionen

Diese Hypothese zur Alterung geht davon aus, dass das Immunsystem so programmiert ist, dass es mit der Zeit weniger effektiv wird. In der Folge kommt es zu erhöhter Anfälligkeit für Infektionskrankheiten und schließlich zu Alterung und Tod.

Gut dokumentiert ist, dass das Immunsystem in der Pubertät am besten arbeitet und seine Fähigkeiten danach allmählich dahinschwinden. Antikörper etwa verlieren langsam ihre Spezifität und können Krankheiten weniger leicht in Schach halten. Oft genug lösen sie sogar selbst unerwünschte Autoimmunkrankheiten aus. Dabei wird eigenes Körpergewebe angegriffen. Obwohl nicht in jedem Fall eindeutige Kausalzusammenhänge bewiesen sind, macht man fehlgeleitete Immunantworten für zahlreiche altersassoziierte Krankheiten wie Arteriosklerose, Entzündungen, Alzheimer, Parkinson und Krebs verantwortlich. Wir haben es hier mit einem weiteren wichtigen Wirkmechanismus der Alterung zu tun, aber wahrscheinlich ist das Entgleisen des Immunsystems nicht Ursache, sondern eher eine Folgeerscheinung. Oft beobachtet man, dass vergreisende Zellen plötzlich eine Vielzahl verschiedener Proteine herstellen, die auch Entzündungsreaktionen anfachen und das Immunsystem beeinflussen. Dies wird unter der Bezeichnung SASP (*senescence-associated secretory phenotype*) beschrieben. Auch als allgemeine Stressreaktion auf äußere oder innere Signale können Zellen in einen „Überlebensmodus" schalten, der dazu führt, dass sie ihre Kommunikation untereinander einschränken und betroffene Gewebe Entzündungssymptome zeigen. Dies leitet über zur Betrachtung des Einflusses von Hormonen auf Prozesse des Zellmetabolismus und der Alterung.

Hormoninduzierte programmierte Alterung

Die endokrine Theorie des Alterns besagt, dass die wichtigsten während der Alterung auf zellulärer Ebene beobachteten Veränderungen im Körper durch das endokrine System gesteuert werden. Hormonelle Beeinflussung des Alterungsprozesses wurde bereits an der Wende vom 19. zum 20. Jahrhundert für möglich gehalten. Bei Hormonen (der eigentliche Begriff wurde 1905 von Earnest Henry Starling, 1866–1927, eingeführt) dachte man damals vor allem an männliche Sexualhormone. Ohne wissenschaftliche Basis versprach man sich (und leichtgläubigen Mitmenschen) damals Hilfe gegen die Alterung durch abstruse Operationen, angefangen von Sterilisationen bis hin zur Einpflanzung von Tierhoden. Unter den damaligen Infektionsrisiken und in Unkenntnis von Abstoßungsreaktionen waren die Ergebnisse nicht selten desaströs. Dies hat die Alterungsforschung insgesamt, besonders aber hormonelle Theorien, auf viele Jahrzehnte in Misskredit gebracht.

Heute kennt man im menschlichen Organismus über hundert verschiedene Hormone. Man vermutet, dass die Zahl noch weit höher liegen könnte, vielleicht sogar bei über tausend. Der Begriff Hormon wird heute auch nicht mehr ausschließlich auf die klassischen endokrinen Hormone angewendet, die von Drüsen abgegeben werden und auf entfernte Zielzellen irgendwo im Körper wirken. Stattdessen wird der Begriff vielfach allgemeiner verwendet, nämlich für alle körpereigene Botenstoffe, mit deren Hilfe Zellen untereinander kommunizieren. Dies kann nicht nur über die Blutbahn erfolgen, sondern auch einfach durch Diffusion in Gewebe in der lokalen Nachbarschaft (▶ Hormonsystem, Seite 60).

Generell wirken Hormone über spezifische Rezeptoren, die die Zielzellen in der Zellmembran tragen und die die Signale über chemische Reaktionsketten ins Zellinnere weiterleiten. Moderne Hormontheorien der Alterung beziehen sich selten auf Sexualhormone, sondern sie konzentrieren sich eher auf hormonelle Signalwege zur Regulation des Wachstums und des Glucosestoffwechsels, insbesondere auf den evolutionär hoch konservierten (also zwischen verschiedenen Spezies wenig variierenden) Insulin/IGF-1-Signalweg (IIS). Studien bestätigen, dass Alterung mit komplexen Veränderungen in Signalnetzwerken einhergeht, die nicht nur typische Hormone einbeziehen, sondern auch sehr eng mit intrazellulärer Signalübertragung, Vitaminen und Transkriptionsfaktoren der DNA verknüpft sind. Eine bekannte Vertreterin moderner Hormontheorien ist Diana van Heemst von der Universität Leiden.[57] Es existieren enge Verbindungen zu anderen Theorien, wie der Reaktion von Zellen auf oxidativen Stress.

Hier Ursachen und Wirkungen klar auseinanderzuhalten ist notorisch schwierig. Insgesamt lässt sich aber sagen, dass Theorien, die sich auf Wachstumsfaktoren und den Insulinstoffwechsel konzentrieren, heute nicht nur wieder salonfähig geworden sind, sondern gegenwärtig zu den heißesten Kandidaten für Erklärungen zum Alterungsprozess gehören.

Auch die Forschungen zur künstlichen Verjüngung von Geweben (die Experimente mit dem growth differentiation factor 11, GDF11 und Oxytocin) beschäftigen sich mit im Blut vorkommenden Proteinen (Proteohormonen) und gehören damit zu den Hormontheorien der Alterung. Das schöne dabei: Hier kann man durch experimentelle Eingriffe eindeutig eine Ursache-Wirkungs-Beziehung nachweisen (▶ Blutjung durch junges Blut, Seite 134).

Seneszente Zellen schädigen ihre Umgebung

Erkenntnisse der letzten Jahre seit 2011 geben Hinweise auf einen Mechanismus, nach dem seneszente Zellen, also solche, die sich etwa wegen der Telomerverkürzung nicht mehr weiter teilen können, nicht nur selbst die Leistungsfähigkeit eines Organismus herabsetzen, sondern auch ihre Umgebung in Mitleidenschaft ziehen können. Forschern gelang es, Mäuse genetisch so zu verändern, dass sie alle Zellen, die ihre Teilungsfähigkeit eingebüßt hatten, sofort eliminierten.

Das Ergebnis war erstaunlich: Die Regenerationsfähigkeit von Pancreas- (Bauchspeicheldrüse) und Blutstammzellen verbesserte sich deutlich, und es kam zu einer verstärkten Neubildung von Nervenzellen im Gehirn.[99, 100] Allerdings bleibt zu bedenken, dass diese Versuche nur an Mäusestämmen mit künstlich verstärkter Alterung stattfanden und die eigentliche Lebenszeit nicht signifikant gesteigert wurde. Zudem lassen sich entsprechende genetische Variationen nicht auf einfache Weise als Anti-Aging-Mittel beim Menschen anwenden. Hierzu müsste man die DNA eines erwachsenen Menschen verändern. Man benötigt dafür Techniken, die heute noch unzureichend erforscht sind, zu denen aber zumindest Ansätze bestehen (▶ Gerontogene, Seite 142).

Der bisherige Überblick zu den wichtigsten Alterungstheorien zeigt, dass es sich hierbei um einen multikausalen Vorgang handelt, zu dem Umwelt und Gene beitragen. Diese Einflüsse lassen sich aber im Allgemeinen nicht eindeutig separieren und verhalten sich nicht einfach additiv. Angaben darüber, wie viel Prozent der Lebenserwartung genetisch bestimmt sind[23], müssen deshalb mit Vorsicht betrachtet werden. Dies hat zum Beispiel in etwas anderem Zusammenhang der Autismusforscher Robert K. Naviaux von der University of California, San Diego so ausgedrückt:

> *„It's wrong to think of genes and the environment as separate and independent factors. Genes and environmental factors interact. The net result of this interaction is metabolism.“*

Zahlreiche Publikationen in den letzten Jahren haben gezeigt, dass sich der Alterungsprozess in vieler Hinsicht beeinflussen lässt, aber nicht jede euphorische Publikation beschert uns wirklich einen Jungbrunnen. Wenn wir in die tausenden, meist nur halb verstandenen, Interaktionen eines lebenden Organismus eingreifen, ist es in der Regel unmöglich, alle Nebeneffekte vorherzusagen. Dies wird noch dadurch erschwert, dass Lebensprozesse eben nicht nach einem logischen Plan funktionieren, sondern das Ergebnis vieler zufälliger Ereignisse und Kompromisse während der Evolution sind[33]

Trotzdem: Möglicherweise ergeben ja gerade die vernetzten Regelkreise die Möglichkeit, das Rad über verschiedene alternative Notbremsen anzuhalten, und es ist weniger wichtig, welche davon wir ziehen. Im nächsten Kapitel werde ich daher einige vielversprechende Möglichkeiten ansprechen, in den Prozess einzugreifen, und dabei eine weitere aktuelle Alterungstheorie vorstellen.

5. Behandlungsansätze

Wir haben Argumente dafür kennengelernt, dass sich die Alterung von Zellen, Geweben und ganzen Organismen durchaus verlangsamen lassen sollte. Und es gibt zudem Hinweise, dass sich Zellen in der richtigen Umgebung sogar verjüngen lassen, also keineswegs irreversibel geschädigt sind.[101] Einige Forscher sind so optimistisch zu glauben, dass Alterung schon in 10 bis 15 Jahren reversibel sein könnte. Andere sind da weit vorsichtiger. Und man muss zugeben, dass – nicht nur in der Alterungsforschung, sondern genauso in vielen anderen Wissenschaften – die Ergebnisse einzelner Studien allzu häufig zu einem Durchbruch hochstilisiert werden. Umso enttäuschender und schädlicher ist es dann für das entsprechende Fachgebiet, wenn sie bald darauf nicht bestätigt werden können und zurückgezogen werden müssen. Vorsicht ist also durchaus angebracht.

Bisher wurden über hundert Wirkstoffe entdeckt, die die Lebenserwartung unseres Lieblingstieres, des in Kapitel 1 vorgestellten Fadenwurms *Caenorhabditis elegans* signifikant, teilweise um 30 bis 60 Prozent, verlängern können. Allerdings wirkten wahrscheinlich viele dieser Substanzen gar nicht spezifisch gegen Prozesse der Alterung, sondern einfach nur dadurch, dass sie die Nahrungsaufnahme reduzierten und somit den lange bekannten Effekt reduzierter Kalorienaufnahme (CR, *Calorie restriction*, ▶ Seite 40) auslösen.

Womöglich lässt sich damit also nur ein langes, aber sehr karges Leben erreichen. Frei nach dem Motto: Wenn einem hundert Jahre lang schlecht ist, wird man auch alt.

Hier wollen wir nun einige Ansätze kennenlernen, deren Ziel es ist, ähnliche lebensverlängernde Effekte ohne diese Nachteile zustande zu bringen[102], indem sie beispielsweise dieselben Gene ein- bzw. ausschalten, die die Zelle als Reaktion auf Nahrungsmangel umsteuern. Stoffe, bei denen man vermutet, dass sie den Zellen eine Nahrungsmangelsituation vortäuschen können, nennt man *CR mimetics*. Die Umsteuerung ein und desselben biochemischen Regelkreiseses kann dabei durch ganz unterschiedliche Methoden erfolgen: So etwa durch pharmazeutische Mittel wie der Zufuhr kleiner Wirkstoffmoleküle, durch die Änderung der Konzentration körpereigener Substanzen wie Hormonen und Transkriptionsfaktoren, durch epigenetische Variationen an der DNA oder durch direkte Veränderung der Gene. Im Folgenden werde ich eine vielleicht etwas willkürlich erscheinende Einteilung treffen, indem ich unter medikamentösen Therapien auch die Zufuhr körpereigener Substanzen abhandle und diese der Aktivierung von Telomerase, gentechnischen Eingriffen und Stammzelltherapien gegenüberstelle.

Medikamentöse Therapien

Sirtuine, Resveratrol und CR Mimetics

Sirtuin ist die Bezeichnung für Mitglieder einer Familie von Enzymen, die Anfang der 1990er Jahre bei Untersuchungen zur Lebensdauer von Hefemutanten entdeckt wurden. Hefen sind echte Eukaryoten. Sirtuine können die Aktivität von Genen über einen erst in den letzten Jahren entdeckten wichtigen epigenetischen Regulationsmechanismus beeinflussen. Dabei werden sogenannte Acetylgruppen (CH_3-CO-Gruppen) abgespalten, die häufig an der Aminosäure Lysin am N-terminalen Ende der Proteinkette (dem Ende, das eine Aminogruppe trägt) von Histonen vorkommen und ihnen eine positive Ladung verleihen. Histone bilden unverzichtbare Komponenten echter Chromosomen. Einer Garnrolle ähnlich, dienen sie bei der Kondensation der Chromosomen vor einer Zellteilung dem geordneten Aufrollen (Kondensation) der DNA, sind aber auch in der Arbeitsphase des Kerns an der Regulation der Genaktivität beteiligt. Binden die negativ geladenen Phosphatgruppen des DNA-Rückgrats besonders dicht an die positiv geladenen deacetylierten Histone, so können die dort lokalisierten Gene weniger leicht abgelesen werden. Kurz gesagt: Sirtuine stellen Gene ruhig, indem sie dafür sorgen, dass sich die DNA enger aufwickelt. Bei Hefen wurden vier Sirtuine gefunden, bei Menschen sind es sogar sieben. Die Gene, in denen sie codiert sind, heißen Sirt1 bis Sirt7. Offensichtlich spielen Sirtuine eine unverzichtbare Rolle, denn jeder bisher untersuchte Organismus verfügt über mehr oder weniger Sirtuingene, deren Sequenzen, ähnlich wie die der Histongene selbst, evolutionär stark konserviert sind. Sogar Bakterien, Archaeen und Viren verfügen über mindestens ein Sirtuin. Dies ist bemerkenswert, denn sie besitzen überhaupt keinen Zellkern und keine Histone. Offensichtlich erfüllen deren Sirtuine andere Aufgaben. Auch in Eukaryoten haben sie viele verschiedene biologische Funktionen und wirken auf dutzende Substratmoleküle.

Hefezellen mit duplizierten Sirtuingenen leben um etwa dreißig Prozent länger als der Wildtyp. Sie sterben durchschnittlich erst nach 10 Tagen statt nach 7 Tagen. Man geht davon aus, dass dies damit zusammenhängt, dass sie die Aktivierung falscher Gene im Alter herunterregulieren.

Verschiedene Substanzen können Sirtuingene auch ohne deren Verdopplung zu höherer Aktivität anregen und das Altern bei einigen Modellsystemen deutlich verzögern.

Auf der Suche nach sogenannten STACs (*sirtuin activating compounds*) konzentrierte man sich anfangs auf Resveratrol, einen in geringen Mengen auch im Rotwein und in Brombeeren vorkommenden Wirkstoff. Wahrscheinlich trug die romantische Vorstellung, man müsse nur gut leben und jeden Tag ein Gläschen Rotwein trinken, viel dazu bei, dass Resveratrol schnell als Anti-Aging-Wirkstoff allgemein bekannt wurde. Da passte es gut ins Bild, dass mediterrane Diät anscheinend das Herzinfarktrisiko reduziert und dass Franzosen – bekanntermaßen große Liebhaber von Rotwein – besonders geschützt sind. Doch bis heute konnte niemand nachweisen, dass Resveratrol in dieser angenehmen Zubereitungsform und Konzentration in irgendeiner Weise wirksam wäre. Um Konzentrationen zu erreichen, für die schützende Effekte erwartet werden, müsste man etwa 150 Gläser pro Tag trinken. Bei hohen Konzentrationen allerdings werden Resveratrol tatsächlich positive Effekte nicht nur für Hefen, sondern auch für eine ganze Reihe anderer Systeme vom Wurm über Fruchtfliegen bis hin zu menschlichen Zellkulturen nachgewiesen.[103]

Studien an Mäusen, die vom National Institute of Health unterstützt wurden, legen nahe, dass Resveratrol in hohen Dosen den Effekt verminderter Kalorienaufnahme auf zahlreiche normalerweise altersbedingte Erkrankungen nachahmen kann.

Man fand heraus, dass Resveratrol die Herzfunktion und die Knochenstruktur verbessert, das Auftreten grauen Stars reduziert und alten Tieren zu verbesserter motorischer Kontrolle verhilft. Es wirkte sich positiv auf die Genaktivierungsprofile in Leber, Muskeln und Fettgewebe aus.[104, 105, 106]

Obwohl Resveratrol selbst in hohen Dosierungen angewendet anscheinend kaum Nebenwirkungen hat, ist es kein Wundermittel, und es ist nicht erwiesen, ob es auch bei Wirbeltieren einen lebensverlängernden Effekte gibt. Außerdem hat es als natürlicherweise in Nahrungsmitteln vorkommende Substanz aus Sicht von Pharmaunternehmen einen gewaltigen Nachteil: Es ist nicht patentierbar! Die von SINCLAIR gegründete Firma (heute aufgegangen in GlaxoSmithKline[107]) hat wohl auch deshalb 4000 neue Moleküle getestet, die sich für die Aktivierung von Sirtuinen als 100 bis 1000 Mal wirksamer als Resveratrol erwiesen. Die besten davon befinden sich bereits in klinischen Tests.

Mitochondrienkommunikation und NAD$^+$

Dass mit fortschreitendem Alter die Leistungsfähigkeit der Zellen immer mehr abnimmt, ist eine Binsenweisheit. Lange schon nahm man an, dass dies mit den Mitochondrien zu tun haben könnte, in denen Energie für die Lebensprozesse effizient in Form von ATP bereitgestellt werden muss. Man vermutete allerdings, dass Mutationen im Mitochondriengenom die Ursache sind, die aufgrund unvermeidlicher aggressiver Nebenprodukte (ROS, *reactive oxygen species*) bei der Zellatmung entstehen. Dies war jahrzehntelang die Basis für viele angeblich gesundheitsförderliche Produkte, die freie Radikale unschädlich machen sollten. Sicherlich sind Radikale in großer Konzentration wirklich schädlich. Allerdings gibt es bereits seit längerer Zeit Hinweise darauf, dass sie in kleineren Mengen sogar förderlich sein können, da sie in gewissen Situationen als Signalstoffe für das Anlaufen von Reparaturmechanismen nötig sind.[108] Wenn diese Theorie also nicht die ganze Geschichte ist, was kommt dann als Hauptursache des Alterungsprozesses in Betracht?

Die neuesten Entdeckungen in Zusammenhang mit möglicher ewiger Jugend lassen aufhorchen. Nachdem viele Forscher dem gesamten Gebiet der Lebensverlängerung bis vor einigen Jahren recht skeptisch gegenüberstanden, wird es inzwischen weltweit sehr ernst genommen. Vielleicht am deutlichsten zeigt dies die Verleihung des Nobelpreises 2009 für die Forschungen zur Telomerase. Inzwischen kommt es fast monatlich zu Meldungen über bedeutende Fortschritte auf diesem Gebiet.

Zu den gegenwärtig am heißesten diskutierten Themen gehört die These, dass eine zentrale Ursache des Alterns in einer gestörten Kommunikation zwischen Zellkern und Mitochondrien besteht. Es gibt außerdem deutliche Hinweise darauf, dass diese Kommunikation wiederhergestellt werden kann. Erreichen wir damit vielleicht eine Verjüngung von bereits gealtertem Gewebe? Tatsächlich sprechen erste experimentelle Ergebnisse für diese Möglichkeit.[109] Eine natürlich vorkommende Verbindung, die wir im folgenden Abschnitt ansprechen, macht einige Aspekte altersbedingter Degenerationen bei Mäusen rückgängig.

Zombies in unseren Zellen

Zur Steuerung der Aktivität der Mitochondrien durch den Zellkern ist eine ausgeklügelte, über beide Membranen hinweg verlaufende, molekulare Kommunikation erforderlich.

Und eben in diesen Kommunikationsvorgängen entdeckten Forscher um David Andrew Sinclair (Harvard Medical School und National Institute on Aging der University of New South Wales, Sydney, Australien) nun etwas, das am Ende dazu führen könnte, dass sich zumindest einige der Alterungsprozesse in Säugetierzellen tatsächlich stoppen lassen.

Sie glauben belegen zu können, dass eine Blockade dieser Kommunikation für sehr viele der mit Alterung einhergehenden degenerativen Prozesse verantwortlich ist. Wie im Dezember 2013 in der renommierten Zeitschrift *Cell* veröffentlicht, gelang es ihnen, die gestörte Kommunikation alter Zellen wieder in Gang zu bringen. Sie führten dazu ein kleines Molekül zu, das an der Synthese von NAD^+ (Nicotinamid-Adenin-Dinukleotid) beteiligt ist. Gewebeproben von Muskelzellen so behandelter Mäuse sollen daraufhin signifikante Verjüngungserscheinungen gezeigt haben.

Interessant ist, dass die neue Theorie der Wirksamkeit von NAD^+ sehr gut zu bisherigen Erkenntnissen passt, die einerseits den Einfluss der Sirtuingene und andrerseits die positive

Rolle des vorstehend erwähnten Rotweininhaltsstoffes Resveratrol bestätigen.[128, 129]

Resveratrol aktiviert nämlich das Gen SIRT-1. Das Produkt dieses Gens wiederum wirkt auf die Kommunikation zwischen dem Zellkerngenom und den Mitochondrien, indem es ein anderes Gen, HIF-1α, herunterreguliert, das seinerseits die Zusammenarbeit zwischen Wirt und Symbiont stören kann. Offenbar kann SIRT-1 aber nur in diesem Sinne wirken, solange ausreichend NAD^+ vorhanden ist.

Die Frage ist nun, wie sich die Ergebnisse auf Menschen übertragen und in verkaufsfähige Produkte umsetzen lassen. Denn natürlich geht es bei der Sache um sehr viel Geld. SINCLAIR konnte seine Firma „Sirtris Pharmaceuticals", die sich mit der Erforschung der Sirtuingene und Sirtuinaktivatoren beschäftigt, jedenfalls für 720 Millionen Dollar an den Pharmariesen GlaxoSmithKline verkaufen. Das ist eine Menge Geld, aber sollten sich alle Erwartungen erfüllen, wäre das angesichts der zu erwartenden globalen Auswirkungen ein Schnäppchen. Vielleicht würde man aber auch versuchen, entsprechende Ergebnisse einige Zeit lang unter Verschluss zu halten. Sollten sich die typischerweise lange Jahre anhaltenden chronischen Alterskrankheiten durch nur periodisch nötige Einnahme eines billigen Anti-Aging-Mittels tatsächlich begrenzen oder deutlich verschieben lassen, so droht der Pharmabranche nämlich ein nie dagewesener Gewinneinbruch. Gerade die über lange Zeit anzuwendenden Medikamente, etwa gegen Bluthochdruck, sind die Melkkühe der Branche.

In ihren neuesten Studien wollte die Firma untersuchen, wie es sich auswirkt, wenn Mäuse eine Vorstufe von NAD^+ durch das Trinkwasser aufnehmen. Große klinische Studien waren geplant. Vielleicht würden sich altersabhängige Krankheiten viel später entwickeln, so die Hoffnung. Würden wir also bald im wahrsten Sinne des Wortes vom Jungbrunnen trinken können?

Doch dann kam ein großer Dämpfer: GlaxoSmithKline schloss die ursprüngliche Firma in Cambridge (MA) im Frühjahr 2013, um die dort gewonnenen Erkenntnisse und Substanzen nun intern weiterzuentwickeln.[107] Es wurde betont, dass dies nicht etwa geschah, weil die Ansätze nicht funktionierten, sondern weil man unmittelbareren Zugriff auf die Erfahrung der Mutterfirma bei der Entwicklung von Pharmazeutika haben wolle. Die Interpretation muss vorläufig offen bleiben. Wurde die Firma aufgekauft und ein unbequemes Medikament vom Markt genommen oder gab es doch echte Probleme mit der Wirksamkeit?

Jedenfalls liegt auf diesem Gebiet momentan einer der Interessensschwerpunkte der Alterungsforschung und allein zum Themenkomplex der Sirtuine gibt es tausende von Publikationen.

Gute Versorgung mit NAD^+ scheint mindestens eine notwendige Bedingung für das einwandfreie Funktionieren der Mitochondrienkommunikation zu sein, die Zellen aktiv hält. Nach Studienlage ist es daher wohl ratsam, für ausreichende Zufuhr von Nicotinsäure (Nicain) oder Nicotinamid (Vitamin B_3) zu sorgen, die im Zellstoffwechsel als Vorstufen für NAD^+ fungieren. Dadurch werden offenbar durch Verstärkung eines bestimmten Transkriptionsfaktors zusätzlich einige Funktionen des Immunsystems gestärkt. Mäuse konnten sich so von Infektionen mit multiresistenten Krankenhauskeimen erholen.[130] Die beiden genannten Verbindungen können alternativ angewendet werden, wobei Nicain als Nebenwirkung oft eine Hautrötung durch Erweiterung der Kapillargefäße erzeugt, während dieser Effekt bei Nicotinamid viel weniger auftritt. Trotz der genannten Hinweise auf eine positive Wirkung von Nichotinamid, gibt es aber auch Zweifel, dass dies die beste Methode ist, Vitamin B_3 zuzuführen, denn NAD^+ scheint manchmal auch als Sirtuin-Inhibitor zu wirken. Diskutiert werden deshalb zwei alternative Substanzen, nämlich Nicotinamid-Ribosid und NMN (Nicotinamid-Mononukleitid), wobei allerdings das Letztere unbezahlbar teuer ist.

Rapamycin und mTOR

Rapamycin ist eine weitere Substanz, die in Zusammenhang mit Lebensverlängerung immer wieder genannt wird. Die Geschichte dieser Verbindung geht auf das Jahr 1964 zurück, als der Forscher Stanley C. Skoryna (1920–2003) von der Universität von Montreal eine 14-monatige Expedition auf die Osterinseln durchführte. Er wollte dort Natur und Lebensweise der Bewohner studieren, bevor sich diese durch einen geplanten Flughafen drastisch verändern würden. In den mitgebrachten Bodenproben fanden sich Jahre später Bakterien, die die Substanz Rapamycin (andere Bezeichnung: Sirolimus) produzieren. Dieses, so erkannte man bald, ist ein Fungizid (Anti-Pilz-Mittel) und Immunsupressor. Er wird seit 1999 zur Verhinderung von Abstoßungsreaktion nach Nierentransplantationen eingesetzt.

Inzwischen konnte gezeigt werden, dass Rapamycin daneben die durchschnittliche und sogar die maximale Lebensdauer von Mäusen deutlich erhöht. Dies wurde durch parallele Studien an drei unabhängigen Institutionen im Jahr 2009 abgesichert.[110] Die Effekte erscheinen mit 9 bis 14 Prozent Zunahme auf den ersten Blick vielleicht nicht besonders deutlich. Auf die Lebenserwartung eines Menschen hochgerechnet wären damit aber immerhin etwa zehn Jahre gewonnen. Außerdem geht es, zum ersten Mal überhaupt, nicht nur um eine Zunahme der durchschnittlichen Lebenserwartung, sondern um eine Zunahme der maximalen Lebenserwartung. Diese beiden Maße muss man sorgfältig auseinanderhalten, denn eine Zunahme der durchschnittlichen Lebenszeit würde man auch schon erhalten, wenn man einfach allen Menschen das Rauchen unmöglich machen würde. Nur eine Zunahme der maximalen Lebenserwartung ist daher aus gerontologischer Sicht unzweifelhaft ein Fortschritt.

Rapamycin hat allerdings gravierende Nebenwirkungen wie etwa Wundheilungsstörungen, die teilweise eng mit seiner Wir-

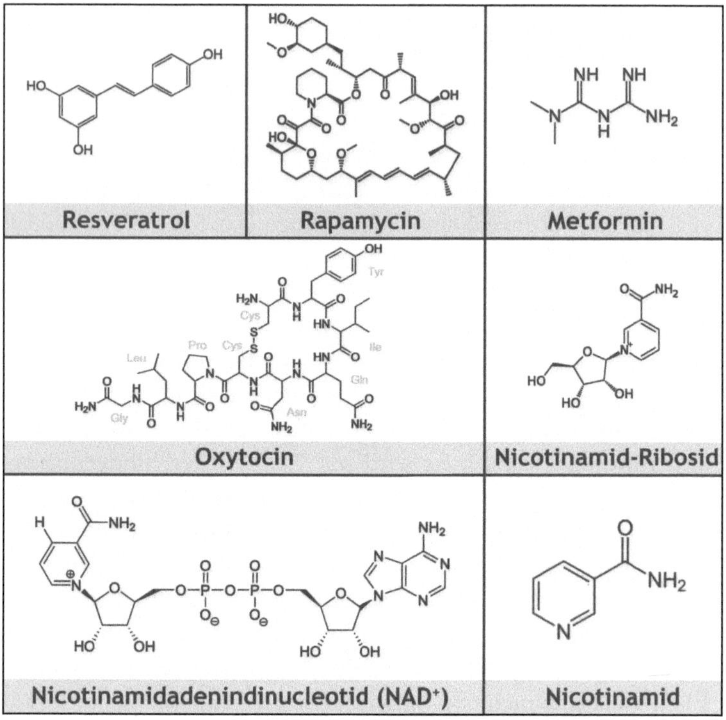

Resveratrol	Rapamycin	Metformin
Oxytocin		Nicotinamid-Ribosid
Nicotinamidadenindinucleotid (NAD^+)		Nicotinamid

5-01

Hoffnungsträger der Alterungsforschung. Selbst die komplizierteren der hier abgebildeten Stoffe werden von Chemikern noch als „kleine Moleküle" klassifiziert. Schon diese einfachen Stoffe können anscheinend bestimmte Aspekte der Alterung zurückdrängen (▶ Haupttext).

kung als Immunsuppressor zusammenhängen. Es kann deshalb bei gesunden Menschen nicht ohne weiteres angewendet werden. Trotzdem: Damit ist der Beweis erbracht, dass die Geschwindigkeit des Alterns und die erreichbare Lebensdauer medikamentös beeinflussbar sind, dass also Menschen viele produktive Jahre gewinnen könnten, wenn wir nur die richtigen Mittel ohne gravierende Nebenwirkungen finden.

Man versucht daher gegenwärtig, den Effekten nachzuspüren, die Rapamycin im Stoffwechsel auslöst, und herauszufinden, an welchen Molekülen es angreift. Für das anfangs noch unbekannte Zielmolekül, an das Rapamycin bindet, wurde das Akronym TOR üblich (*target of rapamycin*). Dem aus gerontologischer Sicht besonders interessanten Wirkungsort bei Säugerieren (Mammals) gab man die Bezeichnung mTOR (*mammalian target of rapamycin*). Die Abkürzung wird heute meist als „mechanical target of rapamycin" gelesen. Inzwischen ist bekannt, dass es sich bei mTOR um ein 2549 Aminosäuren langes Protein handelt, das als sogenannte Kinase fungiert, ein Enzym, das andere Proteine phosphorylieren und damit in einen reaktiven, energiereichen Zustand versetzen kann. (Im Stoffwechsel gibt es zahlreiche unterschiedliche Kinasen.) Seine Wirkung entfaltet mTOR aber nicht alleine, sondern es ist in der Zelle Bestandteil zweier verschiedener Enzymkomplexe, mTORC1 und mTORC2. Diese wiederum bilden wichtige Knotenpunkte eines biochemischen Informationsverarbeitungsnetzes, das daneben noch mehrere dutzend Signalstoffe, Gene und Proteine umfasst und als mTOR-Signalweg bezeichnet wird. Es ist noch nicht in allen Details verstanden, aber offensichtlich dient es der Integration zahlreicher Informationen über äußere Einflüsse und innere Zustände der Zelle und steuert die Produktion der für die jeweiligen Reaktionen erforderlichen Proteine. Eingehende Informationen betreffen Konzentrationen von Wachstumsfaktoren, Hormonen (etwa Insulin), Zytokinen, Glucose und Aminosäuren sowie die Sauerstoffversorgung und Hitzestress. Auch Medikamente wie Metformin wirken sich hier aus. Dies ermöglicht es Organismen schon auf der Ebene einzelner Zellen sinnvoll zu reagieren, ohne dafür unbedingt ein Nervensystem zu benötigen. Das Verhaltensrepertoire reicht von Verringerung des Energieverbrauchs über Zellwachstum, Einleitung der Zellteilung, Adipogenese (Zelldifferenzierung) bis hin zu Apoptose (programmiertem Zelltod).

Eine der Hauptwirkungen der mTOR-Gene besteht in der Steuerung der Protein- und Lipidsynthese. Indem Rapamycin diese Gene blockiert, verhindert es Zellwachstum und Zellteilung. Dies betrifft auch Zellen des Immunsystems und verursacht die pharmazeutisch genutzte immunsuppresive Wirkung.

Die über mTORC1 vermittelte Wirkung von Rapamycin stellt den Zellmetabolismus also eher in einen Ruhezustand, in dem er seine Energien auf die Erhaltung und Schadensabwehr konzentriert und so eine längere Lebendauer begünstigt. Diese Ergebnisse passen recht gut zu den bekannten Effekten von CR, die ja auch mit geringer Energieversorgung und Umschaltung auf Selbsterhaltung zu tun haben.

Auf Basis des Wirkstoffs Rapamycin bieten einige Pharmafirmen Immunsuppressiva an. So ist beispielsweise das Medikament Everolimus von Novartis ein mTOR-Inhibitor. Es wurde 2004 als Immunsuppressivum Certican zur Vorbeugung von Abstoßungsreaktionen nach Organtransplantationen eingeführt. Zur Krebsbehandlung wurde es als Afinitor 2009 zunächst bei Nierenkarzinomen, ab 2012 auch bei bestimmten Brustkrebsformen zugelassen. Die Wirkung beruht auf der Hemmung des mTOR-Proteins, das bei vielen Tumoren übermäßig aktiv ist.

Auch andere Substanzen wie Wortmannin hemmen unter anderem mTOR und wirken dadurch immunsuppressiv und entzündungshemmend. Weniger stark leberschädigende synthetische Derivate wie PX-866 werden in klinischen Studien auf ihre Wirksamkeit gegen Krebs getestet.

Blutjung durch junges Blut

Nein, ich gebe hier keine Vampirgeschichte zum Besten, in der Untote sich mit dem Lebenssaft ihrer jungen Opfer versorgen, um ewig Leben zu können. Aber Blut ist wohl doch ein ganz besonderer Saft. Dafür spricht eine ganze Serie neuer Publikationen, von denen einige schon im ersten Kapitel kurz erwähnt wurden.[30, 31, 32] Lässt sich bei Menschen anwenden, was bei Mäusen bereits heute klappt, so könnte sich eine signifikante Verjüngung ungeheuer viel leichter verwirklichen lassen, als wir uns das jemals vorgestellt haben. Bereits WAGERS und MAYACK hatten aus ihren Versuchen mit verbundenen Kreislaufsystemen unterschiedlich alter Mäuse geschlossen, dass im Blut junger Tiere ein noch unbekannter Faktor stecken muss, der ältere Zellen verjüngen kann (allerdings funktionierte der Effekt auch umgekehrt). Versuche mit Bluttransfusionen[33] haben dies nun bestätigt und gleichzeitig gezeigt, dass dazu nicht einmal das ganze Blut erforderlich ist. Schon der zellfreie Bestandteil des Blutes (das Blutplasma) junger Tiere wirkt verjüngend auf einzelne Zellen und auf ganze Gewebe wie Gehirn, Herz und Skelettmuskulatur. Mäuse, die eine Transfusion von Blutplasma junger Tiere erhielten, schnitten schon nach kurzer Zeit deutlich besser bei standardisierten Lerntests zum Gedächtnis und zur räumlichen Orientierung ab. Bei der Untersuchung der verjüngten Gehirne fanden sich insbesondere im Hippocampus zahlreiche strukturelle und molekulare Veränderungen im Vergleich zu unbehandelten alten Mausgehirnen. Dendritenbäume der Neuronen waren besser ausgebildet, und es fanden sich mehr Neurotransmitter, die die Bildung neuer Synapsen (Schaltverbindungen zwischen den Zellen) fördern.

GDF11 – Hoffnung auf Verjüngung

Das Zaubermittel ist mit höchster Wahrscheinlichkeit ein Protein, denn ein Erhitzen des Blutplasmas über die typische Denaturierungstemperatur von Proteinen lässt es unwirksam werden. In anderen Studien wurde auch das Wachstum neuer Nervenzellen im Bereich des Geruchssinns nachgewiesen, der sich wieder auf das Niveau junger Tiere verbesserte.[115] Bisherige Ergebnisse zeigen, dass es sich bei einer der gesuchten Inhaltsstoffe um das Protein GDF11 (*growth differentiation factor 11*) handelt, einen bestimmten Wachstumsfaktor, der im Blut von Mäusen und Menschen vorkommt. Viele Zusammenhänge sind hier noch zu erforschen, denn GDF11 beeinflusst die Entwicklung zahlreicher Zelltypen und wirkt manchmal auch hemmend auf deren Teilung. Die Möglichkeiten der Anwendung beim Menschen soll die neu gegründete Firma Alkahest prüfen. Inzwischen sollte man zumindest mit Bluttransfusionen von älteren zu jüngeren Menschen große Vorsicht walten lassen. Sind die Erkenntnisse auch für Menschen gültig, würde man den Empfängern ansonsten möglicherweise einen Bärendienst erweisen. Die Möglichkeiten, die sich andererseits durch Identifikation des Faktors und dessen Gewinnung, z. B. mit gentechnisch veränderten Bakterien, ergeben, sind sehr vielversprechend. Es könnte also durchaus sein, dass uralte Ideen, die sich bis ins 19. Jahrhundert zurückverfolgen lassen[28, 29], zur Lösung unseres Alterungsproblems beitragen.

Oxytocin – mehr als ein Kuschelhormon

Für die Behandlung altersbedingten Muskelschwundes hat sich aber noch ein anderer Bestandteil jungen Blutes als hilfreich erwiesen, der wahrscheinlich ebenfalls zu den extrem positiven Ergebnissen der Transfusionen von Blutplasma beiträgt. Es ist das für seine Wirkung auf den Geburtsvorgang und das Sozialverhalten bekannte endokrine Proteohormon Oxytocin, oft auch als „Kuschelhormon“ bezeichnet. Oxytocin wird im Hypothalamus gebildet und über die Hypophyse (Hirnanhangdrüse) freigesetzt. Rezeptoren finden sich in zahlreichen Gewebearten, insbesondere in Geschlechtsorganen. Daneben fungiert

Oxytocin auch als Neurotransmitter. Mäuse mit beschädigtem Oxytocingen zeigen bis zum Erreichen des Erwachsenenalters wenig Auffälligkeiten, leiden aber danach an vorzeitiger Hautalterung. Stark degenerierte Muskelfasern alter Mäuse kehren unter Gabe von Oxytocin zu ihrem jugendlichen Aussehen zurück.

Im Gegensatz etwa zu GDF11 wäre Oxytocin das erste Anti-Aging-Molekül, das sogar durch die amerikanische FDA (Food and Drug Administration) für die klinische Anwendung am Menschen zugelassen ist, nämlich gegen Muskelschwund (Sarkopenie), die im hohen Alter regelmäßig vorkommt.[116]

Lithium

Eine 2011 veröffentlichte Studie von Michael Ristow legt nahe, dass es einen Zusammenhang zwischen einer erhöhten Aufnahme des Spurenelements Lithium und einer niedrigeren Sterblichkeit gibt. In einer Untersuchung in Japan wurde in Gegenden mit vergleichsweise hohem Gehalt des Elements im Trinkwasser eine deutlich höhere Lebenserwartung festgestellt.

Eine andere Untersuchung in Österreich ergab, dass die Suizidgefahr für Menschen in Regionen mit hohem Lithiumgehalt des Trinkwassers signifikant verringert ist. Unter einem hohen Gehalt versteht man in diesem Zusammenhang Werte von über 5 Milligramm pro Liter, was einer Aufnahme von ungefähr 10 Milligramm Lithium pro Tag entspricht (immer noch weit weniger, als in vielen Lithiumpräparaten mit etwa 80 Milligramm pro Tablette enthalten ist). Bereits 10 Milligramm/Liter scheinen also positive Effekte zu bewirken. Dabei lässt sich die beobachtete Erhöhung der Lebenszeit nicht nur auf die Verringerung des Suizidrisikos zurückführen, denn sie tritt auch im Tierexperiment auf.

Im Laborexperiment wurde auch beim Fadenwurm *Caenorhabditis elegans* nach der Behandlung mit einer äquivalenten Dosierung des Spurenelements eine signifikante, wenn auch nicht sehr aufsehenerregende Erhöhung der durchschnittlichen Lebenserwartung nachgewiesen. Dies bestätigt einen möglichen Zusammenhang auch beim Menschen, allerdings kann man daraus noch keine gesicherten Schlussfolgerungen ableiten. Möglicherweise können uns also Lithiumsalze als Salze des Lebens dienen, die uns in der richtigen Dosierung vielleicht viele Monate, wenn nicht sogar einige Jahre, Lebenszeit erkaufen könnten.[117,118]

Metformin

Metformin ist eines der am häufigsten eingesetzten Medikamentenwirkstoffe und wird in zahlreichen Präparaten allein oder in Kombination mit anderen Wirkstoffen benutzt. In der Regel wird es bei Diabetes mellitus Typ 2 (Insulinresistenz) als Mittel der ersten Wahl (First-Line-Therapie) verordnet und dann oft über viele Jahre hinweg genommen. Ernste Nebenwirkungen sind trotz der jahrzehntelangen Erfahrungen kaum bekannt. Metformin ist ein einfaches und chemisch leicht zugängliches Molekül, das zur Gruppe der Biguanide gehört. Es wurde bereits 1922 erstmals synthetisiert.

Natürlich verlängert Metformin allein schon wegen seiner blutzuckersenkenden Wirkung das Leben vieler Diabetespatienten. Aber dies ist nicht der Grund, es hier zu erwähnen. Der liegt vielmehr in den positiven Nebenwirkungen.

Mindestens seit 2009 weiß man, dass Metformin das Risiko, an bösartigen Tumoren zu erkranken, erheblich senkt. Beispielsweise reduziert es bei regelmäßiger Einnahme bei Patienten mit Diabetes Typ 2 die Gefahr von Enddarmkrebs um 37 Prozent.[119] Auch andere Krebsarten wie sonstiger Darmkrebs, Brustkrebs und Prostatakrebs kommen unter Metformintherapie seltener vor. Möglicherweise gibt es ja gute Grün-

de, die ich nicht kenne, aber es erstaunt schon, dass das Mittel bis heute nicht zur Prophylaxe von Krebs zugelassen ist.
Und es gibt noch eine, meines Erachtens sehr interessante, Nebenwirkung: Metformin kann im Wurm die Alterung um etwa 30 Prozent verzögern.[120] Eine (wenn auch nicht sehr dramatische) Erhöhung der Lebensdauer beobachtete man auch bei Mäusen.[131]

Die Nahrungsaufnahme dieser Tiere war nur geringfügig reduziert, sodass sich der Effekt nicht einfach mit Kalorienreduktion erklären lässt. Als Wirkungsmechanismus wird stattdessen angenommen, dass gerade die Erzeugung winziger Mengen von ROS (reaktiven Sauerstoffspezies) für die lebensverlängernde Wirkung verantwortlich ist, also von Substanzen, die sonst eher durch ihren schädigenden Einfluss auf Biomoleküle bekannt sind. Auch hier gilt wohl der Paracelsus zugeschriebene Lehrsatz „Die Dosis macht das Gift".

Telomeraseaktivierung

Die Auswirkungen zu kurzer Telomere haben wir bereits im letzten Kapitel diskutiert (▸ Seite 110). Da ist es naheliegend, den Alterungsprozess durch Aktivierung des Enzyms Telomerase zu bremsen, die ja Telomere nachweislich verlängern kann.

Bereits 1998 gelang es Forschern in einer wegweisenden Arbeit[124] zu beweisen, dass sich das übliche Absterben menschlicher Zellen in Kultur nach Erreichen der Hayflick-Grenze vermeiden lässt, ohne dass sie dabei gleich zu Tumorzellen werden. Dazu wurden in zwei menschliche Zellkulturen mit Hilfe eines Virus-Vektors gezielt Telomerasegene eingebracht und eingeschaltet. Sie teilten sich daraufhin tatsächlich weiter, während die Zellen der Vergleichskulturen längst abgestorben waren. Untersuchungen der Expressionsmuster der Gene, also der für aktive Proteinbildung eingeschalteten DNA-Abschnitte, zeigten, dass sie keine für Tumorzellen typischen Eigenschaften besaßen, sondern sich abgesehen von ihrer Unsterblichkeit wie ganz normale Körperzellen verhielten.

In den Zellen eukaryotischer Organismen wird die Transkription von Telomerase offenbar durch viele Faktoren beeinflusst, die wir noch lange nicht komplett überblicken. Klar ist aber, dass hier Signalkaskaden am Werk sind, die auch in die Steuerung des Zellzyklus, den Glucosestoffwechsel, die zelluläre Stressantwort, die DNA-Reparatur, die Apoptose und die mitochondriale NAD^+-Verwertung eingreifen. Querverbindungen existieren auch zu den oben angesprochenen Sirtuinen. Insbesondere scheint das Genprodukt von Sirt6 für die Erhaltung der Telomerlänge notwendig zu sein.[132]

Intensiv wird nach einfachen kleinen Molekülen geforscht, die die Produktion von Telomerase ohne Genmanipulation ankurbeln können. Dabei könnte es sich um Stoffe handeln, die in eine Signalkaskade eingreifen oder selbst als Transkriptionsfaktoren die Ablesung des Telomerase-Gens aktivieren. Man muss durchaus davon ausgehen, dass es solche Stoffe gibt, denn schließlich wird Telomerase in einigen Zellen tatsächlich hochreguliert.

Bisher wurde allerding nur ein Mittel bekannt, das angeblich Telomerase aktivieren und damit die Telomerlänge künstlich verlängern soll. Es ist ein Extrakt aus der Wurzel der Pflanze *Astragalus propinquus* (auch *Astragalus membranaceus*, eine Tragantart) und wird unter der Bezeichnung TA-65 (Telomerase Aktivator 65) sehr agressiv als Anti-Aging-Mittel vermarktet. Als eigentlicher Wirkstoff gilt Cycloastragenol. Allerdings ist die Beweislage für die Wirksamkeit noch relativ dürftig. So existiert nur eine einzige Studie[134] aus dem Jahr 2009, die eine Wirkung auf menschliche T-Zellen gefunden hat. Andere Publikationen stammen vielfach aus nicht zweifelsfrei neutralen Quellen. Dies heißt keineswegs, dass TA-65 für die Telomeraseaktivierung unwirksam wäre, aber niemand kann heute mit Bestimmtheit sagen, ob es die weit gesteckten Hoffnungen auf eine beträchtliche Verlängerung der maximalen Lebensspanne bei guter Gesundheit tatsächlich erfüllen kann. Um eine Wirkung einwandfrei zu belegen, wären Bestätigungen mehrerer unabhängiger Institutionen durch Studien an Säugetieren dringend notwendig.

Genveränderungen

Bereits früher haben wir gesehen, dass die unterschiedliche Lebensdauer von Menschen zu etwa einem Viertel an den Genen liegt.[23] Doch dies betrifft selbstverständlich nur die natürliche Variabilität der Lebensdauer der untersuchten Menschen. Angesichts einer unsterblichen Hydra könnte man genauso gut sagen, dass 100 Prozent der Lebensdauer durch die Gene festgelegt sind. Schließlich bestimmt unsere DNA, ob unsere Zellen eher denen einer Hydra oder denen einer Eintagsfliege gleichen, welche Signalkaskaden auf Umweltreize reagieren und welche Überlebens- oder Apoptoseprogramme sie aktivieren. Auch Hormone und anderen Substanzen wirken letztlich durch Aktivierung oder Hemmung von Genen oder zumindest durch Beeinflussung des von den Genen kontrollierten Zellstoffwechsels. Genauso ist die Stärke der Telomeraseaktivierung von den Genaktivierungen abhängig. Alles liegt an den Genen. Und so sollten wir durch Veränderung unserer Gene – zumindest im Prinzip – auch Unsterblichkeit erlangen können. Was wir dazu brauchen, ist vor allem ausreichend detailliertes Wissen über die Wirkungszusammenhänge und Methoden, in diese einzugreifen. Das Wissen wird gegenwärtig von tausenden auf diesem Gebiet tätigen Forschern zusammengetragen. Und einige wichtige Methoden zum Eingriff in die molekularbiologischen Abläufe werde ich im Folgenden vorstellen.

Gerontogene

Bis Mitte des letzten Jahrhunderts herrschte die Meinung vor, Alterung beruhe auf der konzertierten Wirkung tausender von Genen, die jeweils nur einen minimalen Beitrag leisten. Man hätte demnach tausende von Genen oder deren Translation gezielt beeinflussen müssen, um die Krankheit Alter zu bekämpfen. Damals war es eine absurde Vorstellung, dass dies je gelingen könnte. Doch schon die allgemeine Wirksamkeit von CR war ein Fingerzeig darauf, dass das Problem vielleicht gar nicht so groß ist, wie vermutet, dass es nämlich einige wenige Signalnetzwerke (engl. *signalling pathways*) gibt, die als Hauptschaltstellen für Alterung fungieren. Diese erwiesen sich wohl mit ihren immerhin dutzenden sich wechselseitig beeinflussenden Signalstoffen, Rezeptoren, Transkriptionsfaktoren und Genen als nicht einfach durchschaubar, aber sie können, wie wir in diesem Kapitel gesehen haben, doch relativ leicht pharmakologisch beeinflusst werden. Und auch eine direkte Veränderung der wichtigsten beteiligten Gene ist mit der heutigen Gentechnologie in den Bereich des experimentell Machbaren gerückt. Parallel dazu reifte die Erkenntnis, dass diese Signalnetzwerke über verschiedene Stämme und sogar Organismenreiche hinweg erstaunlich konserviert waren. Dies gilt für Hefen, Pflanzen, Hydrozoen, Nematoden und Insekten bis hin zu Säugetieren. Wohl bestehen Unterschiede, manche Gene wurden verdoppelt und liegen in leicht variierender Ausprägung vor, aber das grobe Bild ist einheitlich. Ein Grund dafür ist sicherlich, dass diese Netzwerke nicht nur für die Alterung relevant sind, sondern gleichzeitig viele andere vitale Funktionen steuern.Die meisten Erkenntnisse wurden durch das Studium des bereits früher vorgestellten Nematoden *Caenorhabditis elegans* gewonnen. *Caenorhabditis elegans* – der Wurm – wurde in den 1960er Jahren von Sidney

Brenner (*1927) als Modellorganismus eingeführt, und zwar zunächst zum Studium einfacher Nervensysteme. *Caenorhabditis elegans* hat die vorteilhafte Eigenschaft, dass gesunde hermaphrodite Exemplare stets aus einer genau festgelegten Anzahl von 959 Zellen bestehen (Männchen mit 1031 Zellen aus etwas mehr). Diese Eigenschaft konstanter Zellzahl (Eutelie) ist eine große Erleichterung für das Studium von Entwicklungsprozessen. In der Alterungsforschung wird der nicht einmal einen Millimeter lange und nur etwa 50 µm dicke Wurm insbesondere wegen seiner kurzen Generationszeit, der leichten Anzucht und seiner Durchsichtigkeit geschätzt. Letztere ermöglicht es, über Fluoreszenzmarker die Ausprägung von Genen direkt zu studieren. Obwohl der Wurm bezüglich Entwicklung und Alterung auch spezifische Eigenheiten hat, wie etwa ein bewegliches Larvenstadium, das „Dauer" genannt wird und in dem er bei schlechten Umweltbedingungen über ein Mehrfaches seiner normalen Lebenszeit verbleiben kann, erwiesen sich die meisten Beobachtungen als gut auf andere Spezies übertragbar.

Das goldene Zeitalter für die Forschung an Gerontogenen, also Genen, die Alterungsprozesse steuern, begann auch in den 1990er Jahren mit solchen Beobachtungen. Zu den Pionieren zählten die Forscher Thomas E. Johnson und David B. Friedman, die einen Weg fanden, die durchschnittliche und sogar die maximale Lebensdauer des Wurms ungefähr zu verdoppeln. Alles was dazu nötig war, bestand darin, ein bestimmtes Gen außer Kraft zu setzen, das die Bezeichnung age-1 erhielt und das für das Enzym Phosphoinositid-3-Kinase codiert. Bereits diese ersten Untersuchungen ergaben, dass dabei gleichzeitig die Fruchtbarkeit beeinträchtigt wurde. Die nächsten Schritte gehen auf die bekannte Molekularbiologin Cynthia Jane Kenyon (*1954) von der Universität von Californien in San Fransisco zurück. Sie fand 1993 eine davon unabhängige Möglichkeit, dem Wurm zu einer Verdopplung seiner Lebenszeit zu verhelfen. Auch sie blockierte hierfür ein Gen, das die Bezeichnung DAF-2 trägt und dessen Translationsprodukt ein bestimmter Rezeptor an der Zellmembran ist. Bekanntermaßen müssen Zellen, um auf chemische Botenstoffe (meist Proteine) reagieren zu können, an ihrer Oberfläche stets passende Rezeptoren tragen, die Signalsubstanzen nach dem Schlüssel-Schloss-Prinzip über ihre dreidimensionale Gestalt und Verteilung der Oberflächenladungen erkennen können. Das Produkt des Gens DAF-2, ebenfalls ein Protein, hat die Aufgabe, einen bestimmten Wachstumsfaktor zu erkennen, der eine starke Sequenzähnlichkeit mit Insulin aufweist. Es trägt den etwas sperrigen Namen „Insulin/IGF-1-Rezeptor“ (*insulin-like-growth factor 1 receptor*).

Ohne diesen Rezeptor gibt es keine Reaktion auf das bei Säugetieren in der Leber produzierte IGF-1-Protein und keine davon ausgelöste Umsteuerung des Zellstoffwechsels. Und offensichtlich ist dieser Einfluss von IGF-1 bei erwachsenen Tieren lebensverkürzend. Der Wachstumsfaktor wird während der Entwicklung gebraucht, erweist sich aber im erwachsenen Organismus als Treiber des Alterungsprozesses. Hier haben wir es anscheinend mit einem Gen zu tun, das die antagonistische Pleiotropie zeigt, die George C. Williams als Möglichkeit vorschlug, die Alterung zu erklären (▶ „Programmierte Alterung“ auf Seite 109). Es stellte sich heraus, dass eine Mutation in einem anderen Gen, DAF-16m genannt, die Verdopplung der Lebenszeit durch Unterdrückung von DAF-2 wie auch die aufgrund des früher entdeckten age-1 wieder zunichte machte. DAF-2 und age-1 unterdrücken also DAF-16m, welches selbst lebensverlängernd wirkt. Wie man heute weiß, codiert es für einen Transkriptionsfaktor und fungiert als wichtige Schaltstelle eines ganzen Signalnetzwerks, die regulatorischen Einfluss auf viele lebenswichtige Funktionen der Zelle hat. Hierzu gehören Wachstum, Tumorunterdrückung, Glucosestoffwechsel, Zellteilung, Apoptose und Ausbildung des Zytoskeletts. Auch viele Stressreaktionen sind involviert, wie die Reaktion auf Hitze, Sauerstoffradikale, Energiemangel und bakterielle Pathogene. Ebenso bestehen Zusammenhänge mit dem Fortpflanzungssystem.

Bei *Caenorhabditis elegans* ist das Signalnetzwerk auch an der Einleitung der Dauer-Phase beteiligt. Allerdings konnte Kenyon zeigen, dass die Nematoden keineswegs in die Dauer-Phase eintreten mussten, um eine Lebensverlängerung zu erfahren. Hielt man sie bei ausreichend niedriger Temperatur, bis der kritische Zeitpunkt für den Eintritt in die Dauer-Phase vorüber war, lebten sie fortan auch bei normaler Temperatur ein außergewöhnlich langes Leben. Dauer-Phase und Langlebigkeit sind nicht untrennbar gekoppelt. Dies war die eigentliche Sensation. Damit ergibt sich die Möglichkeit, dass sich der gleiche Effekt auch bei anderen Organismen anwenden lässt, wenn man nur die Signalnetzwerke hinreichend versteht. Und der Effekt ist fulminant. Die Wirkungen der beiden Gene auf DAF-16 erwies sich sogar als kombinierbar.

Kenyon konnte im Jahr 2003 außerdem zeigen, dass sich die Lebenserwartung des Wurms bis auf das mehr als sechsfache der 20 Tage steigern lässt, die er natürlicherweise zu erwarten hat, wenn man die Gonaden der Larven zerstörte. Wieder zeigte sich eine negative Korrelation zwischen Lebensdauer und Fortpflanzung. Vielleicht nur ein Zufall, aber man mag daran denken, dass auch die Fruchtbarkeit der menschlichen Gesellschaften drastisch zurückging, in denen sich die Lebenszeit verlängerte.

Doch wie sieht es bei anderen Organismen aus? Tatsächlich besitzen Säugetiere statt nur eines DAF-16-Gens eine ganze Familie damit verwandter (orthologer) Gene für Transkriptionsfaktoren, die als Forkhead-Box-Proteine bezeichnet werden (der Name geht auf das Aussehen des Kopfes einer Drosophila-Mutante dieser Gene zurück). Besonders wichtig ist der

Untertyp O3 (FOXO3). Und siehe da, auch dieser spielt eine entscheidende Rolle bei der Regulation des Alterungsprozesses.

FOXO3a – ein Unsterblichkeitsgen?

Lange schon versuchen Forscher auch bei Menschen all diejenigen Gene auszumachen, die besonders wichtig für die Lebensdauer von Organismen sind. Dazu vergleicht man Genome von Personen die das hundertste oder sogar das hundertzehnte Lebensjahr erreicht hatten mit solchen aus der Normalbevölkerung. Die Ergebnisse deuten bisher darauf hin, dass an der Regulation mindestens dutzende von Genen beteiligt sind. Bemerkenswert ist aber, dass man eine Genvariante fand, die bei älter werdenden Menschen besonders häufig vorkommt, nämlich ein bestimmtes Allel des FOXO3-Gens aufweist, FOXO3a. Zwar bestimmt es allein nur etwa zwei Prozent der Lebensspanne, aber etwas ist gewiss elektrisierend: Genau dieses Gen ist auch bei der Hydra für deren Unsterblichkeit verantwortlich.

Bei den immensen Fortschritten der Gentechnik in den letzten Jahrzehnten liegt die Frage nahe, ob man an einer genetischen Prädisposition zu frühem Altern etwas ändern könnte. Ist es beispielsweise möglich, das DAF-2-Gen oder das age-1-Gen im erwachsenen Organismus durch Transfektion abzuschalten oder gezielt zu verändern?

Länger leben durch Transfektion

Einer der fortgeschrittensten Ansätze, das Leben erwachsener Säugetiere wesentlich zu verlängern, gelang im Jahr 2012. Dabei verwendeten Forscher um den Zellbiologen Bruno Bernardes de Jesus (Instituto de Medicina Molecular, Lissabon) genmanipulierte Adenoviren, um ein TERT-Gen (Telomerase Reverse Transkriptase-Gen) in 1 und 2 Jahre alte Mäuse einzubringen. Die speziellen Viren des Stammes AAV9 (Adeno-assoziiertes Virus 9) infizieren dabei abhängig vom Gewebe immerhin 20 bis 50 Prozent der Körperzellen. Die Behandlung bescherte den Tieren ein 24 Prozent längere Lebenszeit, und das, ohne die Anfälligkeit gegen Krebs zu erhöhen.[137] Der alterstypisch auftretende Verlust von Knochenmasse und Unterhautfettgewebe sowie verringerte Insulinsensitivität (Diabetes) waren sig-

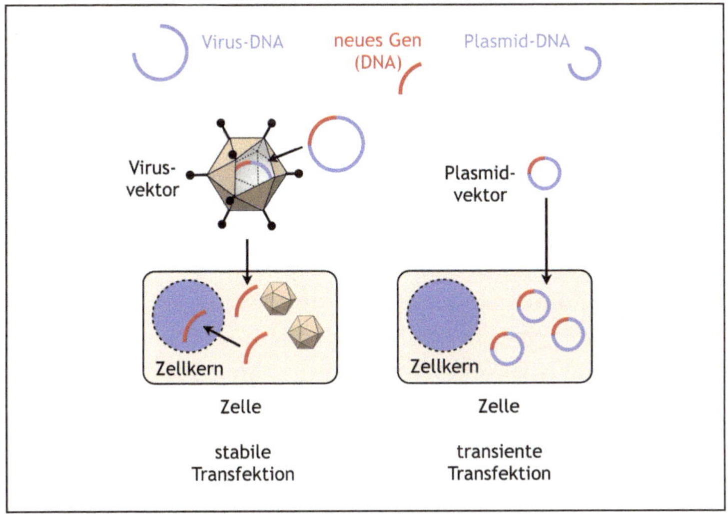

5-02

Transfektion. Transfektion bietet Möglichkeiten, selbst die Gene eines ausgewachsenen Lebewesens zu verändern. Dazu können umgebaute Plasmide oder Viren genutzt werden, die man in der Gentechnik allgemein als Vektoren bezeichnet. Plasmid-Vektoren (rechts) bringen Gene nur in das Cytoplasma, wo sie Proteine produzieren, ohne sich in die Kern-DNA zu integrieren. Mit Virenvektoren (links) lässt sich die Kern-DNA dauerhaft ändern. Geschieht dies in Keimzellen, so wird die Änderung auch an Nachkommen weitergegeben.

nifikant weniger ausgeprägt als in gleichaltrigen unbehandelten Mäusen. Auch verschiedene Geschicklichkeitsstests wurden noch einige Monate nach der Behandlung viel besser bewältigt als von der Vergleichsgruppe.

Da für die Behandlung eine einfache Injektion genügte, würde entsprechenden Versuchen an Freiwilligen heute wohl nichts Grundsätzliches mehr entgegenstehen. Ob Ethikkommissionen das auch so sehen werden, bleibt abzuwarten.

Das Verfahren der Transfektion, also des gezielten Einbringens von Genen in somatische Zellen (▶ Abbildung 5-02), kann sich auch für andere genetisch bedingte Krankheiten als segensreich erweisen, die bisher als unheilbar galten. Auch bei Primaten wurde nachgewiesen, dass die Methode hervorragend funktioniert. Interessanterweise konnte man sogar bereits erwachsenen Rhesusaffenmännchen, die arttypisch eingeschränkt farbsichtig sind, durch Übertragung eines menschlichen Farbpigmentgens mit Hilfe von Virenvektoren ein trichromatisches Farbensehen verleihen.[138] Wo liegt die Grenze? Könnte man Zellen auf diese Weise gänzlich umprogrammieren? Tatsächlich sieht es so aus, als ob dies insbesondere durch Virus-Vektoren möglich wäre. Auf den nächsten Seiten werden wir zwei Techniken kennenlernen, mit der sich sogar einzelne Nukleotide gezielt editieren lassen. Da bleibt nur die Frage, ob wir genau genug wissen, was wir tun. Momentan ist dies sicherlich noch nicht immer der Fall. Die Zauberlehrlinge sollten daher noch etwas vorsichtig sein, wenn sie mit ihren mächtigen Werkzeugen spielen.

Gene editieren wie Texte

Ein Traum der Gentechnik ist es, Gene wie Texte editieren zu können. Im Reagenzglas ist dies mit Sequenziermaschinen und Syntheserobotern inzwischen ein alter Hut. Man kann so gezielt hergestellte Gensequenzen auch gut in Einzelzellen einbringen. Aber wenn man mit der oben angesprochenen Technik der Transfektion durch Virenvektoren beliebige synthetische Gene in die Zellkern-DNA ausgewachsener Organismen bringen will, muss man sich zum Beispiel Gedanken darum machen, was mit der Sequenz geschieht, die ursprünglich dort vorhanden war. Außerdem ist es möglich, dass sich eine Sequenz mehrfach ins Genom schleicht oder beim Einbau ein anderes Gen beschädigt. Im schlimmsten Fall führt dies zu Tumoren. Deshalb sucht man nach Möglichkeiten „saubere Schnitte" zu setzen, also ganz bestimmte DNA-Sequenzen auszutauschen, ohne andere zu beeinflussen. Hierzu gibt es inzwischen mit verschiedenen Methoden Fortschritte zu vermelden. Selbst der gezielte Austausch einzelner Basenpaare in der DNA vieler Körperzellen erscheint heute möglich. Da bekommt der Ausspruch „jemanden zur Schnecke machen" doch plötzlich einen ganz anderen Klang.

Das CRISPR/CAS9-System

Eine Methode verwendet zum Editieren von Genen ein bei Bakterien bestehendes System wiederholter DNA-Sequenzen (Clustered Regularly Interspaced Short Palindromic Repeats, CRISPR) und damit assoziierter Gene (CRISPR associated, Cas). Als Palindrome bezeichnet man Nukleinsäuresequenzen, die so gebaut sind, dass sie durch haarnadelähnliche Rückfaltung der abgelesenen RNA zu Basenpaarungen führen können. Die dadurch entstehende doppelsträngige RNA ist relativ formstabil. Das CRISPR/Cas-System verleiht seinen Trägern (Bakterien oder Archaeen) normalerweise eine gewisse Immunität gegen Phagen (Viren, die diese Prokaryoten befallen), wobei der genaue Wirkungsmechanismus noch unbekannt ist. Einige Gentechniker berichten, mit CRISPR/Cas sogar gleichzeitig mehrere gezielte Mutationen an Genen lebender Zellen in Tieren durchführen zu können.[138, 140]

Gene editieren mit Lentiviren

Eine zweite Methode, die der CRISPR/Cas-Methode sogar noch überlegen zu sein scheint, nutzt umgebaute Lentiviren, genauer gesagt, das sonst nicht so sehr für seine Heilkräfte bekannte HIV (*human immunodeficiency virus*). Die umgebauten Viren dienen als zielgenaue Träger, um genetische Information in die Zellen zu bringen und dann die DNA an definierten Stellen zu verändern.[141]

Die von einer Forschungsgruppe um Jacob Giehm Mikkelsen von der Universität Aarhus entwickelte und eingängig als „hit and run“ bezeichnete Methode soll eine größere Sicherheit bieten und neben der beabsichtigten Veränderung keine Spuren im Gemom hinterlassen.

Der Trick besteht darin, die zum Auffinden und Herausschneiden des defekten DNA-Stücks notwendigen Restriktionsenzyme nicht selbst als genetische Information einzubringen, sondern es zusammen mit dem Nukleinsäureersatzteil nur als Protein an den Wirkungsort zu bringen. Damit wird das HIV-Virus zu einem Transportvehikel und zu einem kontrollierten Nanowerkzeugkasten. Der Hauptvorteil ist, dass das zum Schneiden der DNA notwendige Enzym nach kurzer Zeit abgebaut wird, statt möglicherweise, von der Zelle immer wieder hergestellt, über längere Zeit hinweg unkontrollierte Nebeneffekte zu haben.

Die Technik scheint sich dazu zu eignen, auch im voll ausgebildeten Organismus verschiedene, sonst nicht bekämpfbare,

Krankheiten zu heilen. Dies gilt zum einen für vererbte Stoffwechseldeffekte, deren Ursache man durch Reparatur der entsprechenden DNA-Bereiche beseitigen könnte. Zum anderen lassen sich aber durch Einbringen entsprechender Resistenzgene potenziell auch Infektionen behandeln und damit vielleicht – Ironie des Schicksals – sogar HIV selbst.

Stammzelltherapien

Stammzellen nennt man Zellen in wenig differenzierten Stadien, die sich noch zu Zellen unterschiedlicher Gewebe entwickeln können. Sie können sich asymmetrisch teilen. Wenn sie sich teilen, können die Tochterzellen also entweder wieder zu Stammzellen werden oder aber ausdifferenzieren und somatische Zellen bilden.[142]

Stammzelle ist für viele ein Reizwort, da zunächst an embryonalen Stammzellen (ES-Stammzellen) geforscht wurde, die dadurch gewonnen werden, dass bei künstlichen Befruchtungen oder durch Klonen (Kerntransfer in eine Eizelle) entstandene überzählige Embryonen dafür eingesetzt werden (die allerdings anderenfalls vernichtet würden). Solche Zellen sind totipotent (fähig, beliebige Typen von Gewebe zu bilden), da sie einem sehr frühen Embryonalstadium entstammen. Der Embryo wird dabei zerstört. Zellen aus späteren Stadien sind noch pluripotent (fähig, viele Gewebetypen zu bilden). Diese Verfahren sind sicherlich ethisch sehr fragwürdig, und ich selbst habe mir hierzu noch immer keine abschließende Meinung gebildet. Seit etwa 2005 ist es in vielen Ländern verboten, menschliche Embryos zu anderen Zwecken als zur künstlichen Befruchtung herzustellen. Seit einigen Jahren aber gibt es auch Techniken, um Stammzellen aus mehr oder weniger differenziertem Gewebe zu gewinnen. Man kann dazu die Tatsache nutzen, dass in fast jedem menschlichen Gewebetyp „schlafende“ Stammzellen existieren, die bei der Regeneration und Wundheilung aktiv werden. Auch Stammzellen, die im Blut zirkulieren, kommen in Frage, denn sie sind praktisch unprogrammiert. Sie können sich an bestimmten Geweben niederlassen und reagieren dort auf die spezifischen Differenzierungssignale.[143] Sogar aus voll differenzierten Geweben, die erwachsenen Organismen entnommen werden, lassen sich heute Stammzellen gewinnen, indem man sie mit verschiedenen Tricks in einen teilweise entdifferenzierten Zustand zurückzuschaltet – sogenannte adulte (erwachsene) Stammzellen. Allerdings sind sie meist nur noch pluripotent, also fähig, einige verwandte Gewebetypen zu bilden.

Mit ihrer Fähigkeit, Körperzellen verschiedener Gewebe zu bilden, nähren adulte Stammzellen Hoffnungen, in der Zukunft die meisten Krankheiten bekämpfen zu können, nicht zuletzt auch die Schäden typischer Alterserkrankungen, die bereits eingetreten sind und von zellulären Anti-Aging-Ansätzen nur begrenzt profitieren. Sie könnten vielleicht bald zur Herstellung fast beliebiger Ersatzteile für den menschlichen Körper dienen, die nach der Transplantation nicht abgestoßen werden. Dabei gibt es verschiedene in Frage kommende Methoden, die hier kurz angesprochen werden.

Amplifikation und Differenzierung

Bei dieser Methode gewinnt man Stammzellen aus Geweben, in denen sie schlafend vorkommen, vermehrt sie in vitro (außerhalb des Körpers) und reinjiziert sie in diesem Zustand oder nach ihrer Differenzierung. Sie können sich dann in den Zielorganen ansiedeln und für eine verbesserte Regeneration sorgen. Man verspricht sich dadurch zum Beispiel die Bekämpfung von Diabetes durch Regeneration der Inselzellen,

Regeneration von Herzmuskulatur nach Infarkten und sogar von Nerven- und Hirngewebe. Entsprechende Experimente werden bereits heute in großer Zahl durchgeführt. So gelang es etwa mittels menschlicher pluripotenter Stammzellen in vitro Herzmuskelzellen herzustellen. Injizierte man diese Zellen bei Primaten nach einem Herzinfarkt (unter Immunsuppression) in den geschädigten Herzmuskel, wurde dieser wieder gestärkt.[144]

Aktivierung von Stammzellen im Körper

Natürlich im Körpergewebe vorkommende Stammzellen können dazu angeregt werden, sich zu teilen und so Gewebe zu regenerieren. Im Jahr 2014 sorgte eine erfolgreiche Anwendung dieses Prinzips für Schlagzeilen. Was bei Nagern bereits klappt, soll bald auch in klinischen Versuchen an Menschen getestet werden: Durch Bestrahlung mit schwachem, nicht ionisierendem Laserlicht lassen sich Stammzellen in Dentin zur Teilung anregen. Dieses Verfahren, für das es wenig zulassungstechnische Hürden gibt, könnte Wurzelkanalbehandlungen, Füllungen und Kronen bald überflüssig machen.[145] Als Wirkungsmechanismus geben die Autoren an, dass der Laser reaktive Sauerstoffspezies generiert, die als Signalsubstanzen fungieren und über die Vermehrung von TGF-β1 (*transforming growth factor beta 1*) wiederum die Dentinstammzellen zum Wachstum anregt. Da an dem Prozess nichts für Zähne spezifisches ist, kann es durchaus sein, dass Ähnliches mit Stammzellen in anderen Geweben gelingt. Wieder einmal wird ein Stück Science-Fiction wahr. Wer erinnert sich nicht an den leuchtenden „Heilstift" eines Dr. McCoy auf der USS Enterprise? Allerdings wird die Wirkung des realen heilenden Lasersstifts wohl nicht ganz so schnell einsetzen.

Organe züchten und transplantieren

Die vielleicht am futuristischsten anmutenden Konzepte zielen darauf ab, ganze Organe außerhalb des Körpers zu züchten und sie dann in den Körper zu implantieren – tatsächlich wie ein Ersatzteil in ein technisches System. Die Hauptprobleme klassischer Organtransplantationen wie Mangel an Spenderorganen und Immuninkompatibilitäten ließen sich damit von vorneherein vermeiden.

Ausgehend von immunkompatiblen körpereigenen Stammzellen oder entdifferenzierten Körperzellen ließen sich Ersatzorgane in besonderen sterilen Apparaten (Bioreaktoren) erzeugen und bis zur Implantation funktionsfähig halten. In den letzten Jahren ist dies an vielen klinischen Forschungszentren bereits gelungen, oft noch mit embryonalen Stammzellen, in einigen Fällen aber auch schon mit adulten Stammzellen. Noch ist es eine Herausforderung, sehr komplexe Organe zu schaffen, die, wie beispielsweise ein Herz oder eine Lunge, aus vielen unterschiedlichen Geweben in komplexer Anordnung bestehen. Doch dies ist wohl nur eine Frage der Zeit.

Bisher konnte man so Knorpelgewebe für Gelenke, Knochen, Haut, menschliche Blasen sowie Harnleiter erzeugen und Patienten implantieren. In einigen Fällen wurde sogar eine komplette Vagina in vitro gezüchtet und erfolgreich Patientinnen implantiert, die dieses Organ aufgrund einer genetischen Entwicklungsstörung nicht besaßen.[146]

Es hat sich gezeigt, dass es möglich ist, natürliche Selbstorganisationsprozesse von Zellen anzustoßen und etwa aus embryonalen Stammzellen im Labor Nervenzellen zu gewinnen, die miteinander kommunizieren. Die gegenwärtige Krönung bezüglich Komplexität stellt vielleicht ein kleines Stück einer künstlich geschaffenen und teilweise funktionsfähigen Retina dar[147, 148], bei der verschiedene Zelltypen ein funktionierendes

Gewebe bilden. Die Hoffnung ist natürlich, so gewonnene Retina zu implantieren und blinden Patienten ihr Sehvermögen zurückzugeben. Entsprechende Entwicklungen gibt es sogar für die Großhirnrinde (▶ Diskussion Seite 182).

Eine raffinierte Methode, auch komplexe Gewebe aus unterschiedlichen Komponenten wie Gerüstsubstanzen und Zellen aufzubauen, arbeitet mit speziellen 3D-Druckern, deren „Tinten“ aus zellhaltigen Emulsionen bestehen. Damit lassen sich beliebige Formen erzeugen, die teilweise Voraussetzung für die physiologische Funktion sind. Grenzen des Verfahrens bilden gegenwärtig noch sehr kleine Blutgefäße, die nicht fein genug modellierbar sind.

Für manche künstlichen Organe wie Herzen, Lungen und Nieren geht man alternativ von Gerüsten aus, die man aus tierischen Organen passender Größe (meist von Schweinen) durch Einwirkung von Enzymen und Auswaschen aller ursprünglichen Zellen (Dezellularisierung) erzeugt. Die verbliebene extrazelluläre Matrix aus Kollagenfasern, Elastin und Makromolekülen wie Proteoglykanen (Verbindungen von Proteinen mit Zuckern) und Mucopolysacchariden (schleimbildende zuckerhaltige Verbindungen) hat noch die Form des entsprechenden Organs und alle mikroskopisch feinen Strukturen, sie erscheint aber weiß und geisterhaft durchscheinend. Immunologisch ist ein solchermaßen „verblichenes“ Organ weitgehend neutral. In Bioreaktoren, die Zellsuspensionen und entsprechende Nährstoffe enthalten, versucht man, eine Neubesiedlung mit den richtigen Zellen zu erreichen. Die so entstehenden Organe haben bisher erst wenige Prozent der Leistungsfähigkeit der natürlichen Vorbilder, aber das Verfahren funktioniert im Prinzip, und die Entwicklung schreitet schnell voran. Bereits 2008 wurde damit erstmals ein (wenn auch nur mit fünf Prozent normaler Leistung) schlagendes Herz produziert.

Die Stammzelltherapie stellt also eine ideale Ergänzungstechnologie zur Verhinderung der Zellalterung dar. Ein Problem wird allerdings dabei auch augenfällig: Werden die Stammzellen erst spät im Leben entnommen, so haben sie nicht mehr die Fähigkeiten junger Zellen. Insbesondere haben sie selbst bereits viele Teilungen hinter sich und häufig auch schon verkürzte Telomere. Dass älteren Zellen nur noch die restliche Lebenszeit zur Verfügung steht, hat sich auch an dem bekannten Klonschaf Dolly erwiesen. Das Tier erreichte nur noch etwa die halbe Lebensdauer eines normalen Schafes, denn der für den Embryo verwendete Zellkern war einem bereits erwachsenen Tier entnommen worden. Die Telomertheorie des Alterns würde genau dies voraussagen. Bei Genomen aus verschiedenen Geweben von Rindern wurden übrigens deutlich unterschiedliche Telomerlängen gefunden, z. B. bei Muskelzellen älterer Bullen noch viel längere als bei Euterzellen gleichaltriger Kühe.[149]

Um solchen Schwierigkeiten zu entgehen, gibt es Firmen, die gegen entsprechende Bezahlung versprechen, Blut aus der Nabelschnur Neugeborener jahrzehntelang tiefgefroren einzulagern, um daraus später eventuell dringend benötigte Ersatzteile züchten zu können. Aus heutiger Sicht könnte sich diese Vorsorge für die Betroffenen als durchaus nützlich erweisen.

Eine andere Möglichkeit wäre natürlich, die Telomere gealterter Stammzellen wieder künstlich zu verlängern.

Letztlich sollten diese Maßnahmen zusammen mit dem Umschalten zellulärer Alterungsprozesse durch Substanzen wie GDF11 und Oxytocin und der Aktivierung von Telomerase in der Lage sein, einen Menschen in einem immer wieder verjüngten Körper nahezu unbegrenzt am Leben zu erhalten.

So spannend diese Visionen sein mögen, man darf bei aller Euphorie nicht vergessen, dass es auf diesem Weg auch noch viele Hürden zu überwinden gilt, von denen wir erst einen Teil kennen. Hier sei nur an Probleme in Bezug auf sich anhäufende Mutationen und mögliche Krebsentstehung gedacht.

6. Persönliche und soziale Aspekte

Wie lange lebt ein Unsterblicher?

Das scheint nun einmal eine absurde Frage zu sein! Für immer natürlich. Oder doch nicht? Tatsächlich ist diese Frage durchaus relevant, denn sollte sich eine breit anwendbare Methode zum Stoppen oder womöglich sogar zum Zurückspulen von Aspekten des Alterns finden lassen, so wird gerade sie langfristig entscheidend sein für die Struktur menschlicher Gesellschaften. Erstaunlicherweise ist eine ungefähre Abschätzung hierzu durchaus möglich.

Menschen sterben heute keineswegs nur an Altersschwäche oder durch altersbedingte Krankheiten. Sie werden ermordet, fallen einem Unfalltod zum Opfer, holen sich eine unbehandelbare Infektion oder bringen sich einfach selbst um.

Die statistischen Todesursachen (unter heutigen Bedingungen) kennt man sehr genau. Daraus kann man – zumindest unter der hinterfragbaren Annahme gleich bleibender sonstiger Rahmenbedingungen – ungefähr abschätzen, wie die durchschnittliche Lebenserwartung wäre, wenn wir nicht mehr älter würden und sämtliche damit zusammenhängenden Krankheiten verhindern könnten. Das Ergebnis fällt erstaunlich mager aus. Eine erste Überschlagsrechnung ergibt etwa 500 bis 2000 Jahre – je nach den zugrunde gelegten Annahmen zur Bekämpfung auch aller anderen Krankheiten. Nach dieser Zeit wären wir also in der Badewanne ertrunken, von der Leiter gefallen, von der Freundin erschossen oder hätten uns einfach freiwillig verabschiedet. Übrigens errechnete der berühmte Alterungsforscher Steven N. Austad auf Basis der niedrigsten Sterberate bei Menschen, nämlich der 11-jähriger Kinder, einen Wert von 1200 Jahren. Auch wenn es sich für heutige Menschen nach einer ungeheuren Zeitspanne anhört, dieses Alter liegt zumindest nicht um viele Größenordnungen über den maximalen Lebensdauern, die man von anderen Organismen her kennt, und sie trifft erstaunlich genau die erwähnten 1400 Jahre (▶ Seite 35), derer sich ein Süßwasserpolyp durchschnittlich erfreuen kann.

Somit hätten wir wahrscheinlich nicht das Problem, dass eine langlebige Gesellschaft überhaupt nicht existenzfähig wäre oder notwendigerweise kinderlos und unmenschlich sein würde. Trotzdem müsste sie in vieler Hinsicht anders aussehen, als wir es heute und aus der Vergangenheit kennen. Neue Modelle wären gefragt, auf die wir im Folgenden einige Gedanken verwenden wollen.

Die Entwicklung zu extremer Langlebigkeit

Alle Lebewesen müssen gerade so viele Nachkommen hervorbringen, dass die Art erhalten wird. Insbesondere gilt für sich geschlechtlich fortpflanzende Spezies, die noch nicht ausgestorben sind, dass sie im langfristigen Durchschnitt recht genau zwei Nachkommen pro Paar haben, die bis in die nächste Generation überleben. Abweichungen von dieser Regel gibt es nur lokal oder zeitlich begrenzt. Wäre es nur wenige Jahrtausende lang anders, würde die Art entweder innerhalb weniger Generationen aussterben oder aber sie hätte ein exponentiell verlaufendes Bevölkerungswachstum, sodass bald alle Nahrungsressourcen aufgezehrt wären. Das Gleichgewicht würde sich dadurch erneut einstellen. Die Strategie, mit der verschiedene Spezies diese Gleichgewichtsbedingung erreichen, ist unterschiedlich. Insekten etwa setzen auf pure Masse und bringen teilweise in ihrem Leben Millionen von Eiern hervor. Nur wenigen von ihnen ist es vergönnt, das Erwachsenenstadium (Imaginalstadium) zu erreichen und selbst wieder Nachkommen zu haben. Fast alle sterben im Überlebenskampf, sie verhungern oder werden aufgefressen. Am anderen Ende des Spektrums stehen Primaten und einige andere größere Säugetiere wie Elefanten. Sie investieren enorm viel in die langwierige Aufzucht nur ganz weniger Nachkommen. Durch Schutz, Unterweisung und Unterstützung der Eltern haben diese eine sehr gute Chance, selbst das fortpflanzungsfähige Alter zu erreichen und dann wiederum eigene Nachkommen hervorzubringen. Denken wir nun an eine sehr langlebige Spezies, wie vielleicht zukünftige Menschen mit potenzieller Unsterblichkeit, so wird ersichtlich, dass die eherne Regel „zwei Kinder pro Paar" mittelfristig auch hier erfüllt sein muss und unausweichlich erfüllt werden wird.

Wir werden dazu unser Reproduktionsverhalten verändern müssen. Die notwendigen Änderungen werden aber vielleicht nicht tiefgreifender sein, als wir es in hochtechnisierten Gesellschaften in den letzten hundert Jahren beim Übergang von der bäuerlichen Großfamilie mit häufig zehn Kindern zur heutigen Familie mit ein oder zwei Kindern bereits erlebt haben.

Wie viel Mensch verträgt der Planet?

In der Römerzeit lebten auf der Erde etwa 200 Millionen Menschen. Die Zuwachsrate lag langfristig im Promillebereich und bis zur Renaissance stieg die Weltbevölkerung auf etwa 500 Millionen.

Mit der von Europa ausgehenden industriellen Revolution wuchs die Bevölkerung bis zum Beginn des 20. Jahrhunderts auf 1,5 Milliarden. Mitte des letzten Jahrhunderts gab es sogar eine Phase superexponentiellen Wachstums der Weltbevölkerung. Das heißt, die Wachstumsrate selbst stieg immer weiter an. Sie erreichte maximal etwa 2,5 Prozent, und es drohte eine schnelle unkontrollierte Bevölkerungsexplosion, verursacht durch Sinken der Sterberate besonders bei Säuglingen bei nur langsam zurückgehender Geburtenrate. Möglich wurde dies durch die unvergleichliche, durch Düngemittel industriell unterstützte, Intensivierung der Landwirtschaft. Die Flächenerträge konnten teilweise verfünffacht werden.

Doch dann kam ein anderer Effekt ins Spiel. Wiederum ausgehend von Europa, aber auch unter der Wirkung der harten, aber weitsichtigen politischen Entscheidung Chinas zur „Ein-Kind-Politik", begann die Wachstumsrate weltweit zurückzugehen und liegt nun bei etwa 1,2 Prozent. Das ist natürlich noch immer zu hoch, wir müssen mittelfristig in die Nähe von Null Prozent kommen. In hochindustrialisierten Ländern ist dies längst erreicht, und man kann hoffen, dass auch dieser Trend auf die Entwicklungsländer übergreift. Ethisch unbedenklich ist aber letztlich nur eine zumindest auf individueller Ebene „freiwillige" Beschränkung. Jedes Wachstum über Null Prozent verursacht ein exponentielles Wachstum und damit letztlich doch eine Bevölkerungsexplosion, die wir unserem Planeten nicht mehr zumuten können. Keine noch so optimale Land- und Ressourcennutzung kann Elend und Hunger auf Dauer verhindern, solange das Bevölkerungswachstum nicht abnimmt.

Seit Jahrzehnten wird immer sichtbarer, dass unser Planet nicht dauerhaft in der Lage ist, Bevölkerungszahlen im Bereich von bald zehn Milliarden Menschen ohne massive Schäden am Ökosystem zu tragen. Eine langsame Reduktion der Bevölkerung auf wenige Milliarden Menschen könnte als Projekt für die nächsten Jahrhunderte angegangen werden.

Persönliche Lebensplanung

Wie würde sich die Möglichkeit einer stark verlängerten Lebensspanne auf unser persönliches Leben auswirken? Zunächst einmal besticht die Möglichkeit, seine Nachkommen mehr als höchstens zwei oder drei Generationen begleiten zu können. Aber wie viele von uns würden eine solche Möglichkeit überhaupt nutzen wollen?

Würde eine Gesellschaft potenziell unsterblicher und ewig junger Menschen ein ähnliches Lebensgefühl hervorbringen, oder würde sie zur Erstarrung und schließlich zu Degeneration führen? Vielleicht ist Optimismus berechtigt, denn nicht nur Lebenserfahrung beeinflusst das Verhalten und die Einstellung zum Leben, sondern ebenso die Interaktion des Gehirns mit einem gesunden und jungen Körper.

Keine Kinder – keine Freude

Sich eine Gesellschaft ohne Kinder vorzustellen, ist eine traurige Angelegenheit. Man kann mit Fug und Recht sagen, dass jemand, der das Aufwachsen eines Kindes nie erleben durfte, die vielleicht schönste Zeit des Lebens versäumt hat. In der Vision einer balancierten Gesellschaft mit weniger Kindern liegen aber auch Chancen. Ein seltenes Gut erfährt im Allgemeinen besondere Wertschätzung. Und so kann man erwarten, dass das Privileg, mit Kindern zu leben, besonders intensiv empfunden werden würde. Allerdings könnte dies auch den negativen Effekt haben, den man vom sprichwörtlich verwöhnten Einzelkind kennt.

Momentan erziehen wir unsere Kinder unter großem Lern- und Erfolgsdruck, der ihnen spätestens nach der Grundschule in den meisten Fällen den natürlichen Wissensdrang austreibt. Ein streng erfolgsorientiertes System lässt ihnen zu wenig Zeit, selbst ihre Interessen zu finden. Diese These ist sicherlich angreifbar, und man sollte betrachten, was das andere Extrem wäre: Würde Langeweile und eine ungezähmte Spaßgesellschaft um sich greifen und eventuell noch mehr Probleme verursachen?

Bei ansteigender Lebenszeit könnte man zunächst kleinere Schulklassen mit optimaler Betreuung bilden, in denen vielleicht nur zehn Kinder zusammen lernen. Eine Verringerung noch darunter könnte sich als problematisch erweisen, da sich die Interaktionsmuster völlig ändern würden. Es würde mittelfristig vermutlich hundertfach weniger gleichzeitig lebende Kinder geben. Man hätte vielleicht sogar nur noch eine Schulklasse pro Stadt.

In ihrer Elternzeit könnten Familien besondere Siedlungen beziehen, in denen zumindest eine bestimmte Anzahl von Kindern gleichzeitig aufwachsen können, denn Kinder brauchen nicht nur Erwachsene um sich herum, sondern auch die Gesellschaft Gleichaltriger. Kinder brauchen andere Kinder zur Kommunikation.

Problematisch und eine emotionale Verarmung wäre sicherlich aus unserer heutigen Sicht, dass die Menschen in mindestens 95 Prozent ihrer Zeit ohne direkten Kontakt zu Kindern in der Familie oder im näheren Umfeld auskommen müssten. Das Kinderlachen auf der Straße, die unbeschwerte Fröhlichkeit, aber auch die kleinen und schnell wieder getrösteten „Dramen", würden zu seltenen Erlebnissen werden. Man wird es kaum abstreiten: Dies ist ein Aspekt, durch den sich die Gesellschaft drastisch ändern würde, vielleicht auch verbunden mit Einbuße von Lebensqualität.

Vor- und Nachteile von Langlebigkeit

Fragt man Menschen, ob sie sich Unsterblichkeit wünschen würden, lehnen die meisten dies erstaunlicherweise zunächst ab.

Dies steht in krassem Gegensatz zu dem philosophisch und historisch identifizierbaren Streben nach Unsterblichkeit, das wir im ersten Kapitel angesprochen hatten. Kann es vielleicht möglich sein, dass dies nur ein scheinbarer Wunsch ist, kolportiert von einer Kaste Intellektueller, die in jeder Generation eine kleine Minderheit bildeten? Sollten etwa all die Mythen wie der Stein der Weisen (arab. *Al-Iksir*, das im Deutschen zu Elixier wurde), der im Mittelalter unter anderem die Verjüngung ermöglichen sollte, nur Täuschung sein? Sollten nur vergleichsweise wenige Akteure durch ihre hinterlassenen Schriften vorgetäuscht haben, dass dies ein allgemeiner Wunschtraum wäre? Ich glaube, dem ist nicht so. Vielmehr neige ich zu der Ansicht, dass wir es hier mit einer Art Fuchseffekt zu tun haben. Man erinnere sich: Der listige Meister Reinecke sagt „Die Trauben sind sauer, ich mag keine davon“, um nicht zugeben zu müssen, dass er nicht an sie herankommt. Außerdem: Solange man jung ist, fällt es leicht zu sagen, man wolle lieber tot sein als alt. Das noch vor einem liegende Leben erscheint subjektiv unendlich, Krankheit und Tod sind stets die Probleme anderer. Dies ändert sich naturgemäß mit höherem Alter, wenn man schon den Sensenmann in der Ferne ernten sieht. Spätestens wenn sich neben der Lebensverlängerung die realistische Möglichkeit einer Verjüngung auftun würde, und sei es nur um wenige Jahre, so würde wohl die Mehrheit der Menschen höheren Alters gerne zugreifen, wenn ihnen eine Chance zum Weiterleben eröffnet würde.

Für das persönliche Leben hätte Langlebigkeit einige ganz entscheidende Vorteile. Was mir zuerst dazu einfällt, ist die Gelegenheit, alles gründlicher und mit mehr Bedacht erledigen zu können. Setzte man sich mit einem neuen Thema auseinander, bliebe einem ausreichend Zeit, sich einzuarbeiten. Natürlich nur, wenn man ein finanzielles Auskommen hätte. Wenn nicht, heißt es malochen bis zum (unfallbedingten oder selbst gesetzten) Ende, denn den Trick mit exponentiell anwachsenden Zinsen eines anfangs kleinen Sparguthabens würde wahrscheinlich von den Banken bald abgestellt. Der Zinssatz für Spareinlagen würde womöglich noch schneller gegen null gehen, als wir es in der Tiefzinsphase nach 2010 erleben konnten.

Gesundheitspolitische und medizinische Aspekte

Wie wären die Auswirkungen einer Verlängerung der produktiven Lebenszeit auf den Arbeitsmarkt und auf die Sozialsysteme? Bei einer für heute angenommenen Lebenszeit von 80 Jahren kommen die meisten Menschen auf etwa 45 Jahre sozialversicherungspflichtige Arbeit. Dem stehen etwa 35 Jahre Kindheit, Ausbildung und Pension gegenüber. Heute liegt das Verhältnis von potenziell produktiver Arbeitszeit zu Lebenszeit bei etwa 45 Prozent. Sollte ein Mittel zu Langlebigkeit oder sogar Verjüngung tatsächlich breit eingesetzt werden, so würde sich dieses Verhältnis immer mehr der Zahl eins (100 Prozent) nähern. Wie kämen Menschen dann mit der Aussicht zurecht, die nächsten Jahrtausende über arbeiten zu müssen? Worauf könnte man sich noch freuen?

Zunächst einmal über viel mehr Luft im Rentensystem. Denn Altenpflege im heutigen Sinne würde es kaum noch geben, nur noch die Betreuung chronisch Kranker und der verhältnismäßig wenigen Kinder. Der vulkanische Gruß „Live long and prosper" könnte sich in diesem Umfeld als erreichbarer Wunsch erweisen. Gleichzeitig ist zu erwarten, dass die immensen Kosten für Kranken- und Pflegeversicherungen deutlich zurückgehen.

Aber natürlich würden damit nicht alle sozialen Probleme verschwinden. So könnte es langfristig zu einer Akkumulation chronisch kranker Menschen kommen, die nie sterben. Ganz sicher würde sich auch das Lebensgefühl völlig verändern, und wir wissen nicht, ob zum Besseren oder zum Schlechteren.

Für die praktische Umsetzbarkeit sind Dauer und Zeitpunkt der reproduktiven Phase entscheidend. Wir müssen bedenken, dass nach heutigem Stand ältere Mütter ein sehr viel höheres Risiko für Krankheiten des Kindes wie Trisomie aufweisen. Da man nicht unbedingt davon ausgehen kann, dass sich dieser Effekt im Zuge einer Behandlung gegen die Alterung automatisch erledigen wird, müsste man eigentlich die reproduktive Phase an den Anfang eines langen Lebens legen. Das kann aber nicht funktionieren, da wir dann am Anfang eine Bevölkerungsexplosion bekommen und spätestens nach einigen Jahrhunderten niemand mehr da ist, der gesund Kinder zur Welt bringen kann. Die Argumentation mit der Telomerlänge, die bei Nachkommen älterer Männer automatisch zu längerem Lebensalter führt, geht genau in die andere Richtung, nämlich Kinder erst in relativ hohem Alter zu bekommen. Diese Betrachtung zeigt, dass das System nicht ohne gezielte Eingriffe funktionieren kann. Doch es gibt Lösungen. Zum Beispiel könnte eine ausgefeilte Gentechnik in der Lage sein, das Auftreten von Erbkrankheiten einzudämmen. PID, die Präimplantationsdiagnostik, könnte einen Beitrag leisten. Am ehesten wäre vielleicht machbar, Eizellen und Spermien als junger Mensch tiefgefrieren und einlagern zu lassen, um später im Leben darüber verfügen zu können.

Wie würden sich die Veränderungen etwa auf das Risikoempfinden auswirken? Wäre eine erstarrte, übervorsichtige Angstgesellschaft zu befürchten, da ja jeder Einzelne potenziell unendlich viel Lebenszeit zu verlieren hätte? Betrachtet man das subjektive Risikoempfinden jüngerer und älterer Menschen heute, kann man die Auswirkungen nicht eindeutig vorhersagen. Einerseits liegt die Vermutung nahe, dass die Angst vor dem Sterben durch Unfälle oder Infektionen zunähme, da man sich ganz auf dieses Risiko konzentrieren würde. Zudem wäre das Risiko, also der Verlust an Lebenszeit, im Vergleich zur Situation heute enorm hoch. Andererseits scheint dieses erhöhte Risiko, wie schon früher angemerkt, junge Menschen nicht von riskantem Verhalten abzuhalten. Durchaus denkbar ist also auch, dass der umgekehrte Effekt aufträte und das unbekümmerte Verhalten junger Menschen die Oberhand gewänne, wenn die Bedrohung durch Alter und vorhersehbaren Tod in weite Ferne rückte. Vielleicht hängt dies am Ende davon ab, ob uns zukünftige Techniken einen jugendlichen Körper erhalten oder zurückgeben könnten. Denn der Geist des Menschen existiert, zumindest bis heute, nicht als unabhängige „Software", sondern als unauflösliche Einheit mit dem Körper. Er ist damit stets auch Ausdruck des Alterungszustandes des Gehirns und des Körpers.

Wie würde es sich auswirken, wenn Erfahrungen über viele Generationen hinweg direkt ausgetauscht werden könnten? Würde es zur verstärkten Bildung von Familienclans kommen, oder eher umgekehrt zur Vereinzelung, da die Mitglieder der Familie meist nicht mehr aufeinander angewiesen wären?

Politische und kulturelle Aspekte

Man muss nicht unbedingt auf Maßnahmen wie die chinesische Ein-Kind-Politik zurückgreifen, um Interessenskonflikte zu vermeiden und zu notwendigen internationalen Abstimmungen von Reproduktionsregeln zu gelangen. Die Erfahrung mit Einwanderungswellen nach Amerika und Europa zeigen, dass sich ursprünglich kinderreiche Einwanderungsgruppen sehr schnell an die Reproduktionsraten des Gastlandes anpassten.[150]

Äquilibrierung von Karrieren

Im Laufe ihres Berufslebens streben die Menschen heute einen sozialen Aufstieg an. Mit zunehmender Erfahrung steigen sie in besser bezahlte und verantwortungsreichere Positionen auf, treffen mehr Entscheidungen und erreichen eine höhere soziale Stellung. Eine einmal erreichte Stellung wollen sie idealerweise bis zum Ende ihres Berufslebens nicht wieder aufgeben. Dieses

Konzept wird so nicht mehr funktionieren. Hierzu müsste die Zeit bis zu einem beruflichen Aufstieg mindestens um den Faktor fünfzig gedehnt werden. Schließlich fallen am oberen Ende der Skala keine Pensionäre heraus, sondern ihnen droht nur noch der Unfalltod. Auch langlebige Menschen, die auf den Job ihres Chefs spekulieren, dürften diese Geduld wohl nicht aufbringen. Aber es gibt andere Lösungen. Wahrscheinlich würden die Menschen es nach vielen Jahrzehnten ohnehin als langweilig empfinden, immer demselben Beruf nachzugehen und sich beruflich schließlich anders orientieren. Bereits heute zeichnet sich ein solcher Trend ab. Deshalb wäre es wahrscheinlich nicht einmal nötig, etwa eine Maximalzeit vorzugeben, die ein Mensch einem bestimmten Beruf nachgehen soll. Auch abwechselnde Zyklen der Tätigkeit und des Müßiggangs könnten eine Lösung darstellen und wären wegen der insgesamt höheren Lebensleistung wohl sogar finanzierbar. Ähnlich wie heutige Urlaubsregelungen oder Forschungssemester für Professoren könnte man sich beispielsweise alle fünf Jahre ein Jahr Auszeit von der Arbeit nehmen. Das zeitliche Verhältnis zwischen diesen Phasen könnte man an die Erfordernisse der Produktivität anpassen.

Verhältnis zu Religionen

Sicherlich würde es religiöse Gruppen geben, die eine künstliche Lebensverlängerung grundsätzlich ablehnen, und sei es nur, weil sie sich eine bessere jenseitige Existenz versprechen.

Die Aussicht, niemals ins Paradies zu kommen, wäre sicherlich für diese Menschen nicht verlockend. Daraus würden sich natürlich Probleme mit Parallelgesellschaften auftun. Es könnten sich Gemeinschaften sich schnell reproduzierender kurzlebiger Menschen einerseits und potenziell unsterblicher Menschen andererseits bilden. Möglicherweise eine brisante Mischung.

Und noch eine ganz andere Überlegung kommt einem in den Sinn, wenn man die emotionalen Debatten zwischen „Immortalisten" und „Deathisten" verfolgt. So bezeichnen Erstere nämlich diejenigen, die das Streben nach Unsterblichkeit mit medizinisch-technischen Mitteln für verfehlt oder hoffnungslos halten. Trägt nicht das Heilsversprechen einer möglichen naturwissenschaftlichen Unsterblichkeit schon selbst die Züge einer neuen Religion? Ja und nein. Von der reinen Wortbedeutung her (von lat. *religio* bzw. *relegere* d. h. gewissenhafte Berücksichtigung, Sorgfalt, Bedenken, Achtgeben) trifft es die Sache tatsächlich. Immortalisten achten naturgemäß sehr auf ihre körperliche Gesundheit, Ernährung etc.. Sie berücksichtigen in ihren Plänen und Handlungen sorgfältig jedwede neue Erkenntnis, die für das Thema relevant ist. Allerdings fehlen auch viele der sonst für Religionen charakteristischen Merkmale, etwa respektvolle Unterwürfigkeit unter einen einzelnen charismatischen Führer, eine heilige Schrift und Denkverbote. Hier ist genau das Gegenteil der Fall. Alles wird in Frage gestellt, jeder noch so verrückt erscheinende Vorschlag erst einmal gründlich auf seine Nützlichkeit und Machbarkeit hin durchdacht. Es handelt sich um Religion also höchstens in dem Sinne, dass hier an etwas Unbewiesenes geglaubt wird, nämlich an die noch nicht nicht bis ins Detail gesicherte Annahme, dass eine sehr bedeutende Verlängerung des menschlichen Lebens tatsächlich gelingen wird. Glaube im Sinne von Überzeugung und Hoffnung, aber kein blinder, nicht hinterfragbarer Glaube.

Verlangsamte Evolution

Vielleicht erscheint es müßig, sich mit einer weiteren absehbaren Folge von Lebensverlängerung zu befassen, welche die langfristigen Auswirkungen auf unsere Spezies betreffen. Doch eines ist klar: Mit jeder Verlängerung der Lebensdauer verlangsamen wir den Einfluss der natürlichen Selektion, die uns geschaffen hat und die dafür sorgte, dass wir so gut an unsere Umgebung angepasst sind, dass wir uns auf der Erde beispiellos ausbreiten konnten. Sollten wir mit einer starken Verlängerung unserer Generationszeit riskieren, dass wir evolutionär aufs Abstellgleis geraten? Würden überhaupt noch genügend Neuerungen entstehen, die unsere Spezies an langfristige zukünftige Änderungen der Umwelt anpasst? Hier mag man einwenden, dass es bereits durch unsere technische Zivilisation zu einer weitgehenden Entkopplung zwischen Entwicklung und Selektion gekommen ist. Heute können sich auch Menschen fortpflanzen, die aufgrund ihrer Krankheiten unter früheren Bedingungen früh ausselektiert worden wären. Bomben unterscheiden in einer getroffenen Stadt nicht zwischen mehr oder weniger lebenstüchtigen Kindern, sie töten alle gleichermaßen. Bei dem Versuch, unser Erbgut (nicht umsonst heißt es „gut") langfristig gesund halten, können wir uns schon lange nicht mehr auf die natürliche Selektion verlassen.

Sieht man von unethischen, eugenischen Experimenten ab, dann führt mittelfristig vielleicht kein Weg an gezielter Genmanipulation vorbei, sei es nur in Form der heute bereits z. B. in Amerika praktizierten PID (Präimplantationsdiagnostik) oder weitergehend durch Gentherapien, die geschädigtes Erbgut gezielt reparieren. Wir kamen bereits oben zu dem Schluss, dass solche Maßnahmen ohnehin erforderlich sein könnten, um eine Degradation der Gene durch spät im individuellen Leben gezeugten Nachwuchs zu vermeiden, wenn die Elterngeneration möglicherweise jahrhundertelang der natürlichen Strahlung ausgesetzt war. Damit nehmen wir die evolutionäre Weiterentwicklung unserer Spezies letztlich selbst in die Hand. Natürlich ruft ein solcher Eingriff des Menschen in seine eigenen Erbanlagen aus heutiger Sicht viele widersprüchliche Gefühle auf den Plan. Wer etwa entscheidet, was krankhaft ist, oder noch eine normale Variation? Ist es ethisch überhaupt vertretbar, werdende Menschen zu verändern, ohne dass man diese vorher um ihr Einverständnis bitten kann? Oder ist gezielte Genmanipulation sogar zwingend nötig, um werdendes Leben so weit wie möglich vor Schaden zu bewahren? Wir werden diese ethischen Fragen in jedem Fall in den nächsten wenigen Jahrzehnten gesellschaftlich zu klären haben, unabhängig davon, ob wir nun extreme Langlebigkeit erreichen oder nicht. Befürworten wir solche Maßnahmen letztlich, so müssen wir uns um die evolutionären Folgen der Langlebigkeit weniger Sorgen machen als um die Beherrschung der Instabilitäten, die positive Rückkopplungsschleifen in jedes Regelungssystem einzubringen pflegen. Immerhin würden diese Prozesse langsamer ablaufen und man hätte jahrhundertelang Zeit dem gegenzusteuern, falls unerwünschte Entwicklungen auftauchen.

Thesen zum Alterungsproblem

1. Es gibt eine Lösung. Nicht alternde Lebewesen beweisen es.
2. Alterung ist auch genetisch determiniert, es gibt Langlebigkeitsgene. Gene kann man bald editieren, das heißt gezielt einzelne Basenpaare austauschen. Über Genfähren wie etwa Adenoviren lassen sich geänderte Gene sogar in Zellen erwachsener Organismen einbringen (▸ Seite 146).
3. Telomerlänge ist eine wesentliche, vielleicht die wesentliche Komponente bei der Alterung. Man muss lernen, Telomerase durch Telomeraseaktivatoren gezielt ein- und auszuschalten.
4. Fehlsteuerung des Energiestoffwechsels über zelluläre Signalwege spielt eine davon wahrscheinlich unabhängige Rolle. Sie kann möglicherweise durch Verabreichung einfacher

Substanzen wie biochemischen NAD^+-Vorläufern korrigiert werden.
5. Unspezifische Bekämpfung der Zellalterung drängt auch gleichzeitig die meisten spezifischen mit Alterung assoziierten, Krankheiten zurück.
6. Im Blutplasma jüngerer Säugetiere kommen Substanzen wie GDF11 und Oxytocin vor, die bei Injektion Aspekte der Alterung rückgängig machen.
7. Mittel zu signifikanter Verlängerung des Lebens könnten innerhalb weniger Jahren für Menschen verfügbar sein, wenn entsprechende Forschungen ausreichend gefördert werden.

Was kann man heute schon tun?

Eigentlich wollte ich in diesem Buch auf allzu viele direkte Ernährungstipps verzichten, im Glauben, diese allein könnten zu unserem Thema, wie der Mensch extrem langlebig werden kann, nur wenig beitragen. Ich hatte mich geirrt, denn zum langen Leben gehört natürlich erst einmal, die nächsten Jahrzehnte zu überleben, um vielleicht noch in den Genuss gezielter lebensverlängernder Maßnahmen zu kommen.

Bereits unsere Mütter und Großmütter haben uns erzählt, wir sollten viel Früchte und Gemüse essen, weil das angeblich gesund sei. Viele hielten dies für Altweibermärchen – und sind möglicherweise genau deshalb bereits tot. Eine im Frühjahr 2014 veröffentlichte Auswertung des University College in London, basierend auf Daten von 65 226 für die englische Bevölkerung repräsentativen Teilnehmern, stellte Erstaunliches fest: In jedem Lebensalter war die Sterblichkeit für eine Gruppe, die mindestens sieben Mal am Tag frische Früchte und frisches Gemüse zu sich nahm im Vergleich zu einer Kontrollgruppe mit sehr geringem Konsum dieser Lebensmittel um 42 Prozent(!) niedriger. Dabei erwies sich das Gemüse im Vergleich zu Obst sogar noch als deutlich wirksamer. Herabgesetzt werden unter anderem Herzkrankheiten und Krebs als Todesursachen. Dies ist ein ganz immenser Effekt, und ein Mensch, der aktiv eine Lebensverlängerung anstrebt, sollte auf seine Nutzung nicht verzichten. Anzumerken ist allerdings, dass für Fruchtsäfte kein günstiger Effekt gefunden wurde und dass sich Dosenfrüchte anscheinend sogar schädlich auswirken können (was von den Forschern auf den enthaltenen Zucker zurückgeführt wird)[151] . Nun ist es aber keineswegs so, dass durch die Ergebnisse nachgewiesen wäre, dass die hochgelobten Lebensmittel gesunde Stoffe enthalten. Schließlich essen die Leute, die viel Obst und Gemüse konsumieren, ja stattdessen etwas anderes nicht. Möglicherweise enthalten einfach die Alternativen noch mehr schädliche Stoffe. Solche Effekte stecken wahrscheinlich hinter einigen, auf den ersten Blick widersprüchlich erscheinenden Ergebnissen. Man muss immer sehr genau hinschauen, welche Schlüsse aus einzelnen Studien gezogen werden können.

Hier nun eine Zusammenstellung einiger Empfehlungen, die sich aus der Fachliteratur ableiten lassen und denen ich ein gewisses Maß an Glaubwürdigkeit zubillige. Ganz bewusst habe ich dabei auch sich widersprechende Empfehlungen nebeneinander stehen gelassen und in besonders unklaren Fällen durch (±) gekennzeichnet. Dies soll aufzeigen, dass es sich hierbei eben nicht um felsenfestes, dogmatisches Wissen handelt, dem man blind folgen kann. Wissenschaftliche Studien können sich irren, und selbst jahrzehntelang für richtig gehaltene großartige Theorien können im Lichte neuer Erkenntnisse stürzen. Einige der folgenden Maßnahmen lassen sich leicht umsetzen, andere aufgrund unseres eigenen „inneren Schweinehunds“ oder aufgrund regulatorischer Bestimmungen nur schwer.

- Man sollte weniger Nährstoffe aufnehmen, da Kalorienrestriktion ohne Mangelernährung das Leben verlängert.
- Extremes Über- oder Untergewicht wirkt sich negativ auf die Lebenserwartung aus.
- Übermäßige Proteinaufnahme sollte vermieden werden. (±)
- Auf Zucker sollte möglichst ganz verzichtet werden.
- Man sollte nicht übermäßig viel Salz (Natriumionen) zu sich nehmen.
- Aber: Im Alter sollte man proteinreicher essen und für Bewegung sorgen, um den Muskelabbau zu reduzieren.
- Der Wachstumsfaktor IGF-1 soll bei älteren Menschen gegen Muskelabbau helfen, andererseits ist Vorsicht geboten, denn er scheint in früheren Lebensstadien eher lebensverkürzend zu wirken. (±)
- Wenigstens sieben Mal am Tag frisches Obst oder noch besser Gemüse zu essen verringert das Krebsrisiko.
- Es sollten keine übermäßig hohen Dosen von Radikalfängern (Antioxidantien) aufgenommen werden. (±)
- Man sollte besonders in mittleren Jahren ausreichend und regelmäßig schlafen.
- Man sollte Kaffee bzw. schwarzen oder grüner Tee trinken.
- Es ist vorteilhaft, mehrmals wöchentlich Nüsse zu essen. Wegen des geringeren Aflatoxinrisikos sind eher einheimische als tropische zu empfehlen.
- Mediterrane Diät wirkt sich aus noch nicht genau geklärten Gründen günstig aus.
- Rotwein in Maßen zu genießen könnte schwach positive Effekte haben.

- Aluminiumsalze sollte man meiden, da sie offenbar im Trinkwasser ein hohes Risiko für Alzheimererkrankungen darstellen und, durch die Haut aufgenommen, wahrscheinlich die Gefahr von Tumoren erhöhen.
- Die Zufuhr ausreichender Mengen an Lithiumsalzen (ca. 10 mg/Tag) wirkt sich positiv aus.
- NAD^+-Vorstufen wie Nicain, Nicotinamid oder Nicotinamid-Ribosid könnten für die Resynchronisation der Signalwege zwischen Kern-DNA und mitochondrialer DNA nützlich sein.
- Telomeraseaktivatoren wären enorm nützlich. Ob jedoch das angepriesene TA-65 diese Wirkung hat, ist noch nicht mit letzter Sicherheit nachgewiesen.
- Hochdosiertes Resveratrol könnte nach manchen Studien sehr nützlich, nach anderen aber auch etwas schädlich sein.
- Rapamycin verlängert die Lebenszeit unter Laborbedingungen um bis zu 30 Prozent, hat aber sehr ernste Nebenwirkungen, die es zur Lebensverlängerung ungeeignet machen.
- Die Einnahme von Metformin reduziert das Darmkrebsrisiko und Herz-Kreislauf-Erkrankungen und scheint die Alterung zu verlangsamen.[120]
- Injektionen von Hormonen wie GDF11 und Oxytocin können nachweislich wichtige Aspekte der Alterung von Geweben verhindern und sogar verjüngend wirken.

Was kann man sich erhoffen?

Einige Forscher wie etwa David Sinclair erwarten bereits in den nächsten Jahren große Fortschritte in Bezug auf die Verlangsamung und sogar Umkehr des Alterungsprozesses. Doch die Situation ist ähnlich wie bei der Therapie von Aids oder Krebs: Wunder dauern etwas länger. Mit tieferem Verständnis der sehr komplizierten Vorgänge, die den Erkrankungen zugrunde liegen, kann man mit stetigen Verbesserungen rechnen.

Allerdings sind Menschen kaum bewusst in der Lage, das komplexe Zusammenwirken von mehr als einigen wenigen Komponenten ganzheitlich zu verstehen. Möglicherweise wird erst ein leistungsfähiges und mit sorgfältig validiertem Wissen versorgtes computerbasiertes Expertensystem in der Lage sein, die notwendige Anzahl von Zusammenhängen gleichzeitig zu erfassen und uns bei Entscheidungen über die optimalen Maßnahmen gegen die Alterung zu unterstützen.

Bei plötzlich auftauchenden Wunderkuren ist also ein gewisses Maß an Misstrauen angebracht, ganz besonders, wenn damit sehr viel Geld zu gewinnen (Anti-Aging-Mittel) oder zu verlieren (Pharmaindustrie) ist.

Ernährung, diätetische Produkte und Anti-Aging

Regulatorische Bestimmungen

Der in den letzten Jahrzehnten weltweit immer restriktiver gewordene Zulassungsprozess für Arzneimittelstudien an Freiwilligen verhindert vielfach, dass eine vielversprechende neue Substanz innerhalb von zehn bis fünfzehn Jahren auf den Markt kommt.

In Deutschland ist für die Zulassung von Lebensmitteln und Zusatzstoffen das Bundesinstitut für Risikobewertung zuständig. Diese Behörde ist auch verantwortlich für die Einhaltung von Regelungen und Verfahren, die die WHO im Codex Alimentarius[152] zusammenstellt. Ihre ureigenste Aufgabe ist es, die Bevölkerung vor Schaden durch zu laxen Umgang mit Lebensmitteln und darin enthaltenen Zusatzprodukten zu bewahren. Wie man an den immer wieder vorkommenden Lebensmittelskandalen erkennt, ist Geschäftemacherei auf Kosten von Verbrauchern keineswegs nur eine theoretische Gefahr. Nicht ganz ohne Grund also vertreten solche Institutionen meist sehr konservative Haltungen, was Nahrungszusatzstoffe und mögliche Mittel im Graubereich zwischen Lebensmitteln und Arzneimitteln angeht. Auch im Bereich von Stärkungsmitteln und Anti-Aging-Produkten lauert durchaus Gefahr durch Quacksalberei und Scharlatanerie, denn es lockt das große Geld.

Doch so wichtig diese Aufgaben auch sind: Organisationen, die Qualitätssicherung betreiben, sei es nun im Bereich Lebens-

Soll man einen sterbenden Menschen einer riskanten Therapie unterziehen, oder lässt man ihn sterben, weil die Therapie zu riskant ist?

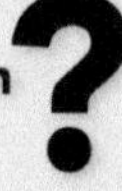

Do you give a risky cure to a dying person, or do you let the person simply die because the cure is too risky?

6-01

Behandeln oder nicht behandeln. Diese uralte, zentrale ethische Frage sollte hinter allen Entscheidungen zun Einsatz von Therapien stehen. Bei regulatorischen Vorschriften tritt sie manchmal in den Hintergrund gegenüber dem berechtigten Wunsch, Patienten vor falschen Versprechungen von Quacksalbern zu schützen. Das Arzneimittelgesetz gestattet den Ärzten unter großen Restriktionen im Einzelfall einen „letzten Heilversuch" auch mit nicht zugelassenen Medikamenten (*compassionate use*, Anwendung aus Mitleid) für Erkrankungen, die mit hoher Wahrscheinlichkeit zum Tod oder zu dauerhafter Behinderung führen. Die Krux liegt aber darin, dass Altern gar nicht als schwerwiegende Erkrankung gilt, obwohl es nachweislich zum Tod führt.

mittel, Pharmaindustrie oder Medizintechnik, unterliegen der Gefahr, dass sie durch extrem langwierige Genehmigungsverfahren exorbitant hohe Kosten erzeugen und damit viele wichtige Neuerungen komplett blockieren. Der Grund hierfür ist einfach auszumachen: Ein Todesfall durch ein zu spät erkanntes Risiko, durch eine Schwäche in der Qualitätssicherungskette, durch eine seltene Nebenwirkung eines freigegebenen Zusatzstoffs, eines Medikaments oder eines Gerätes, kann fast immer jemandem persönlich angelastet werden. Dieses hohe persönliche Risiko möchte natürlich niemand freiwillig tragen. Es kann Karrieren ruinieren. Vermutlich ist dies der Hauptgrund, dass einschränkende Vorschriften kaum jemals wieder zurückgenommen werden. Schließlich würde damit ja jemand die direkte Verantwortung übernehmen. So werden die Regelwerke nur immer komplexer, teurer und hemmender.

Wer aber übernimmt Verantwortung für Menschen, die dadurch sterben, dass die Neuentwicklung und Zulassung von Arzneimitteln (etwa Antibiotika oder Wirkstoffe für seltene Krankheiten) heute selbst für Pharmariesen oft unbezahlbar geworden ist und in vielen Fällen deshalb gar nicht mehr stattfindet oder Medikamente derart teuer werden, dass sie für viele Betroffene nicht mehr bezahlbar sind? Was ist mit all denen, die sterben, während ein im Tierversuch längst als wirksam erwiesenes Medikament aus regulatorischen Gründen erst zehn Jahre später auf den Markt gebracht werden darf? Und was ist mit jenen, deren Tod möglicherweise verhindert werden könnte, wenn ein für andere Anwendungen durchaus schon zugelassenes und in vielen Studien als prophylaktisch wirksam erkanntes Medikament verschrieben werden dürfte? Niemand zählt diese Toten, weil die Schuld an ihrem Tod ja nicht aus einem übersehenen Risiko resultiert, sondern vielmehr aus der Angst, ein Risiko einzugehen. Normalerweise lässt sich hierfür natürlich kein persönlich Schuldiger ausfindig machen. In manchen Fällen richtet übermäßige Regulierung also größeren Schaden an, als sie Gutes tut (▸ Abbildung 6-01).

Viele Stoffe, die zur Bekämpfung des Alterstodes gedacht sind, sind heute noch nicht in vollem Umfang von der Problematik betroffen, da sie auch natürlich in manchen Nahrungsmitteln vorkommen. Doch mit der Zeit fallen immer mehr dieser Stoffe unter das Arzneimittelgesetz, denn es geht um spezifische Wirkstoffe, die nicht normale Nahrungsbestandteile sind. Damit werden die Richtlinien aber so streng, dass sie praktisch kaum eine Chance haben, legal auf dem Markt zu erscheinen. Dies ist insbesondere der Fall, da Altern noch nicht als Krankheit anerkannt ist, sondern als unvermeidlicher natürlicher Vorgang angesehen wird. Angesichts der riesigen Variationen in der Lebensspanne von Spezies und dem Nachweis gentechnisch[153,154,155,156,157] und medikamentös[158,159,160] möglicher Verjüngung von Zellen fühlt man sich an die Lage GALILEOS erinnert, bei dessen Audienz sich Kirchenfürsten geweigert haben sollen, durch das bereitstehende Teleskop zu schauen, um ihre festgefahrenen Ansichten nicht revidieren zu müssen.

Doch bei aller (und ich glaube im Kern begründeter) Polemik gibt es auch Argumente für die Gegenposition. Wie wenig man sich auf anscheinend „gesichertes" Wissen verlassen darf, sieht man exemplarisch daran, dass Antioxidantien seit Jahrzehnten als Anti-Aging-Wundermittel verkauft werden und man nun langsam gewahr wird, dass man dabei möglicherweise auf's falsche Pferd setzte. Metformin etwa scheint paradoxerweise gerade dadurch wirksam zu sein, dass es geringe Mengen ROS erzeugt. Jede noch so fundierte Studie kann sich im Nachhinein als fehlerbehaftet erweisen. Auf vielen Baustellen der Wissenschaft liegen gegensätzliche Ergebnisse herum und es kann mitunter Jahrzehnte dauern, bis sie sich zu einer neuen Wahrheit zusammenfügen.

Lösungen für das regulatorische Dilemma

Auf diese komplexen Fragen gibt es sicherlich keine einfachen Antworten. Argumente finden sich je nach Interessenlage bzw. persönlichem Risikoempfinden für stärkere Regulierung oder für die Rücknahme strenger Bestimmungen. Der Qualitätsfetischist wird für das eine plädieren, der Draufgänger für das andere. Ich spreche mich dafür aus, die Selbstbestimmung des Menschen hier nicht zu sehr zu beschneiden. Ich würde mir wünschen, dass hocheffiziente und mit höchstqualifizierten Wissenschaftlern ausgestattete Institute innovationsfreudiger an die Sache herangehen. Ferner sollte nicht die Abgabe von Stoffen verboten werden, für deren Wirksamkeit es starke Hinweise gibt, die aber den jahrzehntelangen Zulassungsprozess über Ethikkommissionen und klinische Studien noch nicht abschließend durchlaufen haben. Stattdessen könnte man zum Beispiel vorschreiben, dass solche Produkte ganz klar als nicht final getestet gekennzeichnet werden und nur gegen Unterschrift entsprechender Warnungen verkauft werden dürfen (dies würde dann auch alle homöopatischen „Arzneimittel" umfassen). Man könnte ferner verlangen, dass jegliche Abgabe durch einen Arzt kontrolliert und nur mit genauer Dokumentation von Anamnese (Krankheitsgeschichte) und Dosierung erfolgen darf und an staatliche Stellen gemeldet werden muss. So ließen sich daraus zumindest etwas mehr Informationen über die Wirksamkeit und etwaige Nebenwirkungen gewinnen, auch wenn dies natürlich keine randomisierten klinischen Studien ersetzen kann, die wohl stets der Goldstandard für die Beurteilung einer Therapie bleiben werden. Mit solchen Regelungen würde man den Schaden minimieren, den eine verspätete, überteuerte oder überhaupt nicht erfolgende Zulassung nach sich zieht. Insbesondere müssten klinische und vorklinische Zulassungsstudien generell staatlich finanziert und organisiert werden und nicht, wie heute, von den Herstellern selbst.

Dies würde helfen, Interessenkonflikte zu vermeiden. Gleichzeitig würde es verhindern, dass wirksame Produkte für eine unrentable Zielgruppe aus wirtschaftlichen Gründen nie auf den Markt kommen. Die notwendigen Finanzmittel müssten dann später bei der massenhaften Vermarktung in Form von Steuern wieder ins System zurückgeholt werden.
Die gegenwärtige Praxis der im Gewand von Fürsorge daherkommenden Bevormundung durch staatliche Stellen führt jedenfalls bereits heute zu unzähligen vermeidbaren Todesfällen.

Gibt es heute bereits Heilmittel?

Vor diesem Hintergrund ist es berechtigt zu fragen, was man heute schon gegen das Altern tun müsste. Diese Frage geht einerseits die Gesellschaft an, andererseits aber auch jedes Individuum, das nicht im wahrsten Sinne des Wortes lebensmüde ist.

Man kann der Ansicht sein, dass es nicht Aufgabe der Gesellschaft – repräsentiert durch Regierungen, Interessengruppen, Großfirmen etc. – ist, sich um die Lebensverlängerung zu kümmern. Aber wie würde man wohl eine Regierung beurteilen, die ihr Volk nicht vor einer absehbaren und vermeidbaren tödlichen Gefahr bewahrt, obwohl dies möglich wäre? Es wird als ganz selbstverständlich betrachtet, dass es Impfprogramme und Vorsorgeuntersuchungen gibt. Insbesondere Ersteres hat schon eine Menge Gutes bewirkt. Aber warum wird für die Alterungsforschung etwa in der Europäischen Union oder auf nationaler Ebene so wenig getan? Jeder kleine Fortschritt hier könnte viel mehr Lebensjahre retten, als die teure Behandlung einzelner, viel früher als nötig eintretender Alterskrankheiten. Hier sind uns die USA ein Stück weit voraus, wo es zumindest das NIA gibt, das National Institute of Aging. Wir müssen die Politik dazu zwingen im Sinne der Menschen tätig zu werden und bedeutende Mittel in die Erforschung des Alterungsprozesses selbst zu investieren, und damit auch in die Verzögerung zahlreicher alterstypischer Erkrankungen.

Es gibt Verschwörungstheoretiker, die behaupten, es gäbe bereits heute Möglichkeiten, die Alterung zu verlangsamen oder zu verhindern, sie würden der Öffentlichkeit lediglich vorenthalten. Es gibt einen einfachen Weg, das zu überprüfen. Schauen wir uns die an den Forschungen beteiligten Wissenschaftler und Chefs von Phamakonzernen über einen Zeitraum von zwanzig Jahren an. Sollten sie danach noch gleich frisch aussehen, ist die Zeit gekommen, uns darüber ernstlich Gedanken zu machen.

Auch das, was ich oben (▶ Seite 27) als Spannungsfeld zwischen der Alterung von Zellkulturen, Körperzellen und ganzen Organismen beschrieben habe, bleibt zu bedenken.

Es erscheint durchaus realistisch, in absehbarer Zeit die Alterung auf zellulärer Ebene zu verlangsamen, zu stoppen oder vielleicht sogar zurückzuschrauben. Davon werden einzelne Organe profitieren, und die Lebensdauer und Lebensqualität wird sich schließlich verbessern. Ob unsere Regenerationsfähigkeit allerdings jemals so weit angekurbelt werden kann, dass der Körper bereits eingetretene Schäden wie osteoporotische Brüche, defekte Bandscheiben oder eine ausgeprägte Arteriosklerose beheben kann? Hier werden die Bäume sicherlich nicht so schnell in den Himmel wachsen, und nicht alle Ärzte müssen um ihren Beruf fürchten, nur weil eine Wunderpille gegen das Altern auf den Markt kommt. Langfristig allerdings werden auch hier Lösungen gefunden werden, die ich in diesem Buch nur kurz andeuten kann.

Austauschorgane

Wenn Schäden an Geweben schon eingetreten sind, die sich durch ein Aufhalten der Zellalterung allein nicht mehr rückgängig machen lassen, müssen Gewebe oder ganze Organe ersetzt werden. Über den schon heute erstaunlichen Stand dieser Technologie habe ich in Kapitel 5 (▸ Stammzelltherapien, Seite 151) berichtet.

Transplantation von Organen wird für die Rettung vor dem Alterstod große Bedeutung erlangen, wenn aus den vorhandenen eigenen Stammzellen eines Menschen oder aus rückprogrammierten Körperzellen einmal komplette und leistungsfähige Organe gezüchtet werden können, die nicht abgestoßen werden, oder wenn man gelernt hat, das Immunsystem so gut zu beherrschen, dass Abstoßungsreaktionen keine Rolle mehr spielen.

Es gibt momentan sehr viele Fortschritte auf diesem Gebiet. Mittlerweile können aus somatischem Gewebe eines Menschen Stammzellen gewonnen oder sogar differenzierte Zellen zu Stammzellen reprogrammiert werden. Aus solchen Zellen lassen sich, wie wir in Kapitel 5 gesehen haben, bereits Gewebe züchten, die nach Implantation in Patienten ihre Funktion erfüllen.

Mein neues Gehirn

Spätestens mit der sich abzeichnenden Möglichkeit, auch Teile des Gehirns auszutauschen, werfen sich natürlich ganz neue, nicht nur ethische, sondern auch existenzphilosophische Fragen auf. Zumindest wenn solche „Reparaturen" den Frontalcortex betreffen, also die Region der Gehirnrinde, die am engsten mit Planung und bewusstem Erleben verknüpft zu sein scheint, verändern wir dabei unser Selbst. Dass Systeme, die sich selbst verändern, stark zu Instabilität neigen, ist dabei nur ein Aspekt. Aber wie „fühlt es sich an"? Wer sind wir, wo bleibt unser Selbstgefühl, wenn wir nach und nach beliebige Ersatzteile ins Gehirn einbauen, bis vom Original nichts mehr übrig ist? Diese Gedankenspiele gibt es in der Philosophie natürlich seit Jahrhunderten, aber nun sind wir höchstens noch Jahrzehnte von einer experimentellen Realisierung entfernt. Obwohl die Wissenschaft längst nicht mehr im Dualismus von Geist/Seele auf der einen und Körperlichkeit auf der anderen Seite verhaftet ist, und das Bewusstsein eher als selbstreferenzierenden, informationstechnischen Prozess auffasst, sind alle damit zusammenhängenden Fragen noch nicht einmal ansatzweise geklärt. Man darf gespannt sein, ob auch auf diesem Gebiet, ähnlich wie es in vielen anderen naturwissenschaftlichen Disziplinen gelang, das reale Experiment schließlich die Einsichten bringt, die wir im philosophisch-religiösen Diskurs allein seit der Antike nie gefunden haben.

Technische Unsterblichkeit?

Schon heute gibt es Firmen, die davon leben, nicht nur die Möglichkeit zu Unsterblichkeit zu vermarkten, sondern die ihren Klienten durch Technologien der Kryokonservierung ermöglichen wollen, von den Toten aufzuerstehen. Sie frieren ganze Menschen oder nur deren Köpfe nach ihrem Tod möglichst umgehend bei der Temperatur von verflüssigtem Stickstoff (etwa -196 °C) ein und hoffen auf zukünftige Weiterentwicklungen der Medizin. Diese sollen dann nicht nur eine Wiederbelebung ermöglichen, sondern auch die für den Tod ursächlichen Krankheiten bekämpfen können. Fortgeschrittene Techniken, so die vage Hoffnung, würden schließlich sogar die Regeneration eines Körpers und eine Verjüngung ermöglichen.

Obwohl all dies nicht völlig ausgeschlossen ist (beispielsweise werden heute sehr kleine Embryonen schon routinemäßig tiefgefroren, zwischengelagert und wiederbelebt), erscheint das Verfahren doch letztlich als verzweifelter Versuch mit recht geringen Erfolgsaussichten. Alle Organismen und

Organe, die über mikroskopische Dimensionen hinausgehen, können nämlich nicht schnell genug durchgängig abgekühlt werden. Die Zellen erleiden deshalb wegen entstehender Wasserkristalle unweigerlich Schäden, die mit heutiger Technik nicht reparabel sind.

Nanomaschinen

Wenn man sehr optimistisch in die Zukunft schaut, könnte hierbei (und bei zahlreichen anderen medizinischen Problemen) eine andere Zukunftstechnologie, sogenannte Nanomaschinen (Nanobots oder auch Naniten), zum Einsatz kommen. Diese kennt man bisher hauptsächlich von Science-Fiction-Szenarien.[161] Seit der steilen Entwicklung der Nanotechnologie und dem immer besseren Verständnis der Funktionsweise lebender Zellen werden aber zunehmend Komponenten verfügbar, die in eine solche Entwicklung einfließen könnten. Die Nanomaschinen sollen an ihrem Einsatzort Zellen mechanisch reparieren, über künstliche Enzyme biochemisch beeinflussen oder sogar temporär oder dauerhaft deren Funktionen übernehmen. Gefährliche Krebszellen könnten sie abtöten.

Eine Fertigung von Maschinen in der Größenordnung einiger hundert Nanometer muss auf ganz anderen Methoden basieren, als man sie normalerweise anwendet, denn in diesen Dimensionen wirken sich die intra- und intermolekularen Kräfte völlig anders aus. Andererseits ist das gezielte Anordnen einzelner Atome – obwohl möglich – viel zu aufwändig. Am besten lassen sich Effekte der Selbstorganisation nutzen, nach einem ähnlichen Prinzip wie sich Lipidmembranen von Zellen bilden oder Proteine falten (▸ Seite 73).

Inzwischen gibt es tatsächlich erste Exemplare einfacher Nanomaschinen, die in menschlichen Zellkulturen gezielt einen Signalstoff an Krebszellen heranbringen und diese damit zur Apoptose zwingen.[162] Diese „Roboter", bestehend aus zwei Halbschalen als Hülle, einem Erkennungsmechanismus und einem nach einer bestimmten Logik arbeitenden Öffnungsmechanismus, wurden über eine Methode aufgebaut, die man als DNA-Origami bezeichnet. Sie erinnert an die japanische Kunst, Papier in nahezu jede Form zu falten. Nur wird bei DNA-Origamis ausgenutzt, dass sich richtig geplante DNA-Sequenzen über die Basenpaarung automatisch zu komplexen Gebilden zusammenfügen. Andere Experimente beschäftigen sich mit gezieltem Antrieb. Aber all das sind erst Anfänge.

Denkbar sind komplexe Konstrukte aus einigen hunderttausend bis Milliarden von Atomen, die Energie ähnlich wie Zellen aus Stoffwechselprozessen des Körpers beziehen, sich mittels Nanomotoren eigenständig im Körper bewegen, und die untereinander und mit einem Steuercomputer per Lichtsignalen oder Radiowellen kommunizieren können. Solche wirklich leistungsfähigen Nanoroboter könnten, wenn sie in riesigen Zahlen eingesetzt werden, auf zellulärer Ebene womöglich jegliche Schäden beseitigen, die die Alterung oder die Kryokonservierung verursacht.

Insbesondere in den letzten Abschnitten habe ich die technologischen Möglichkeiten, die sich auftun könnten, absichtlich erwähnt, ohne darauf einzugehen, inwieweit diese auch wünschenswert sind. Die Lebensverlängerung als solche sehe ich – für einen Agnostiker wenig verwunderlich – tatsächlich in ausgesprochen günstigem Licht und bin überzeugt, dass sich die damit verbundenen Probleme lösen lassen.

Andererseits sollte man aber nicht so blauäugig sein, potenziell sehr gefährliche Technologien wie die Naniten nur positiv darzustellen. Es wird aber, nach jeder bisherigen Erfahrung, nicht helfen, sie rundweg abzulehnen. Der Mensch hat einen fatalen Hang dazu, alles was er in die Finger bekommt, als Waffe und zur Machtausübung einzusetzen – und die Militärs und Geheimdienste werden, wenn wir es nicht schaffen, ihnen die nötigen Mittel zu entziehen, bei den genannten Entwicklungen keine Ausnahme machen. Was das Ganze so überaus gefährlich macht, ist die Möglichkeit unbeherrschbarer exponentiell wachsender Probleme, sei es eine hyperintelligente Maschine, die eine noch intelligentere konstruieren kann oder gar schwarmintelligente, sich selbst vermehrende Nanoroboter. Es steht zu befürchten, dass von Menschen programmierte Systeme eben nicht die berühmten drei Robotergesetze Isaak Asimovs (1920–1992) auf eine solche Weise eingebaut bekommen, dass sie nicht zu entfernen sind.

Sich selbst verstärkenden Szenarien dieser Art wurden beispielsweise von Reese Jones (*1958) und Ray Kurzweil (*1948) als Singularitäten bezeichnet. Sie führen in jedem Fall zu einer grundlegenden Umgestaltung, zu einer Zerstörung des Alten und somit zu Möglichkeiten für die Entstehung von etwas Neuem. Ob in dieser schönen neuen Welt noch Platz für Menschen ist oder zumindest für Wesen, die wir gerne als unsere evolutionären Kinder anerkennen würden?

Wohin geht die Menschheit?

Es ist durchaus möglich, dass bereits die nächste Generation Entscheidungen treffen muss, wie sie mit den absehbaren Entwicklungen umgehen will. Doch vielleicht ist schon das zu optimistisch. Irgendwie scheint die Erfahrung zu zeigen, dass niemand wirklich bewusst Entscheidungen trifft, sondern dass das Mögliche schließlich auch rasch umgesetzt wird. Wir können nur durch flankierende Maßnahmen versuchen, den Wandel einigermaßen menschlich zu gestalten. Aufhalten lassen wird er sich nicht.

Der Kampf für eine deutliche Lebensverlängerung, ja sogar für eine biologische Unsterblichkeit, ist heute längst nicht mehr eine Spinnerei weniger exzentrischer Wissenschaftler. Das zeigt sich am deutlichsten daran, wie ernst globale Akteure diese Entwicklungen nehmen und wie viel sie investieren.

So wurde beispielsweise Ende 2013 die Firma Calico (Californian Life Company) durch Google gegründet. Dafür gewann sie einige der Besten aus den Branchen Biotechnik und Alterungsforschung, darunter Arthur D. Levinson, ehemaliger CEO des Biotechpioniers Genentech, Hal V. Barron, David Botstein, Robert Cohen und Cynthia Jane Kenyon. Basierend auf Googles Expertise in der Handhabung extrem großer Datenmengen will man (wahrscheinlich mit Big-Data-Ansätzen) gezielt Forschung zur Vermeidung von Alterung durchführen. Dahinter steckt die Erkenntnis, dass es nur sehr eingeschränkt helfen würde, Alterserkrankungen einzeln zu bekämpfen. Die Alterung selbst ist der Feind.

Auch andere große Namen sind im Spiel. Der durch den Wettlauf um die Sequenzierung der menschlichen DNA berühmt gewordene Forscher Craig Venter, nicht eben für Fehlinvestitionen bekannt, gründete zusammen mit Peter Diamandis im März 2014 die Firma HLI (Human Longevity, Inc.). Auch hier finden wir das explizite Ziel, das Leben zu verlängern und dabei gleichzeitig viele Altersleiden wie Krebs, Herzkrankheiten und Demenz zurückzudrängen, indem riesige Gendatenbanken angelegt und ausgewertet werden.

Man könnte noch hunderte Beispiele anderer Startup-Unternehmen zusammentragen, aber die genannten Schwergewichte sollten ausreichen, die schnell wachsende Bedeutung scheinbar utopischer Projekte zu zeigen, die gute Chancen haben, die biologische Sterblichkeit des Menschen zu überwinden. Am Ende bleibt die Frage:

Was ist der Sinn des Lebens?

Meine Antwort: Keine Ahnung, aber wir sollten uns alle Zeit der Welt nehmen, es herauszufinden …

Glossar

Amygdala – Mandelkern, beidseitiges zentrales Gebiet im Gehirn, das maßgeblich an der Entstehung von Angst beteiligt ist.

Apoptose – Bei Vielzellern auftretender planmäßiger Zelltod. A. trägt während der normalen Embryogenese zur Bildung verschiedener Körperstrukturen wie Fingern bei. Durch äußere Signale oder in der Folge erfolgloser innere Reparationsprozesse kann eine Zelle die A. einleiten, um den Gesamtorganismus vor Tumoren zu schützen.

ATP – (Adenosintriphosphat), ein sehr energiereiches Molekül, das im Stoffwechsel als eine Art „Energiewährung" hergestellt wird. Diese Energie kann bei seinem Zerfall in AMP (Adenosinmonophosphat) und anorganisches Phosphat beispielsweise dazu genutzt werden, energieverbrauchende Reaktionen anzutreiben.

Basen ▸ Nukleobasen

Basenpaar – Informationen werden in Nukleinsäuren als Abfolge unterschiedlicher Nukleotide gespeichert. Als charakteristische Seitenketten tragen die Nukleotide eine von vier als Basen bezeichneten Strukturen (Adenin, Cytosin, Guanin und Thymin [bzw. bei RNA ersatzweise Uracil]). Aufgrund ihrer chemischen Struktur können Guanin und Cytosin untereinander drei Wasserstoffbrückenbindungen ausbilden, Adenin mit Thymin bzw. Uracil nur zwei. Solche Paare, die auch die Sprossen der DNA-Doppelhelixstrickleiter bilden, heißen ▸ Basenpaare.

Chromatid ▸ Chromosom

Chromosom – Struktur, die die Erbinformation in Form von DNA enthält. Bei Eukaryoten liegt die DNA zusammen mit Proteinen aufgeteilt in mehrere Chromosomen im Zellkern vor. Vor einer Zellteilung werden die Chromosomen nach Anfärbung mikroskopisch sichtbar. Jedes Chromosom besteht dann aus zwei homologen Chromatiden.

Codon – Dreiergruppe von Nukleotiden bzw. Basen (▸ Basenpaar) auf einer ▸ Nukleinsäure.

CR – *Calorie restriction* (auch DR, *dietary restriction*). Strikte Beschränkung der Nahrungsaufnahme bei gleichzeitiger Vermeidung von Mangelernährung als Strategie zur Verlängerung der Lebensdauer bzw. zur Verschiebung oder Vermeidung alterstypischer Erkrankungen.

Darwinismus – Die auf Charles Darwin und Alfred Russel Wallace zurückgehende Erklärung der Evolution durch ungezielte Mutation und natürliche Selektion.

Dendriten – Baumartige Verzweigungen der Neuronen zur Aufnahme eingehender Signale.

diploid – Diploide eukaryotische Organismen tragen in ihren Zellkernen einen doppelten Chromosomensatz von väterlicher und mütterlicher Seite.

DNA – *Deoxyribonucleic acid* (deutsch veraltet DNS, Desoxyribonukleinsäure). Die in fast allen Organismen als dauerhafter genetischer Informationsspeicher genutzte Form einer Nukleinsäure. Sie ist charakterisiert durch ihren Zuckerbestandteil Desoxyribose und Vorkommen der Base Thymin.

Endosymbiose – Dauerhafte Aufnahme einer Zelle in eine andere im Rahmen einer Symbiose. Bekannte Endosymbionten sind Chloroplasten und Mitochondrien in eukaryotischen Zellen.

Enzyme – Biokatalysatoren, die charakteristisch für alle Lebensvorgänge sind. E. sind fast immer Proteine, oft an niedermolekulare Coenzyme gebunden und mit einem Metallkation als aktivem Zentrum. Auch ▶ RNA kann Bestandteil eines Enzyms sein, in gewissen Fällen tritt sie auch allein als ▶ Enzym auf (Ribozyme). Enzymkatalysierte Reaktionen werden international in einer vierstufigen Hierarchie (EC 9.9.9.9) nach sogenannten EC-Nummern untergliedert. Es existieren sechs Hauptklassen: 1. Oxidoreduktasen, 2. Transferasen, 3. Hydrolasen, 4. Lyasen, 5. Isomerasen, 6. Ligasen.

Epigenetik – Teilweise über mehrere Generationen hinweg erbliche Änderungen der Genaktivität durch Umweltfaktoren ohne Änderung der DNA-Sequenz (z.B. durch Methylierung von Nukleobasen und chemischen Änderungen an Histonen in Chromosomen der Keimbahnzellen).

Eukaryoten (auch: Eukaryonten) – Ein- oder mehrzellige Lebewesen aus komplex aufgebauten Zellen, die Endosymbionten (z.B. Mitochondrien, Chloroplasten) beherbergen und einen echten Zellkern besitzen.

Expression, Exprimierung – Man spricht davon, dass ein Gen exprimiert wird, wenn sich die Information auf der DNA (Genotyp) auf den Körper (Phänotyp) auswirkt. Hierzu wird sie in messenger RNA transkribiert und dann in ein Protein translatiert. Die Expression eines Gens kann über verschiedene Mechanismen reguliert sein.

Fitness – In der Genetik das Maß für den Reproduktionserfolg eines Lebewesens.

Gen – Abgegrenzte Funktionseinheit auf der DNA. Strukturgene werden im Prozess der Proteinbiosynthese abgelesen und definieren über messenger RNA schließlich die Reihenfolge von Aminosäuren in Proteinen. Die Aktivierung von Genen unterliegt insbesondere bei Eukaryoten komplexen Steuerungsvorgängen.

genetischer Code – Bezeichnung für die bei allen Lebewesen weitgehend identische Zuordnung zwischen einer der 20 in Proteinen vorkommenden Aminosäuren und den 64 möglichen Dreiergruppen von Nukleotiden auf einer ▶ DNA bzw. tRNA.

Genotyp – Bezeichnung für die genetische Ausstattung des Organismus oder für die auf der DNA gestpeicherte Information zu einem bestimmten Erbmerkmal. Bei diploiden Organismen liegt diese Information doppelt vor. Abhängig von den Wirkmechanismen der Produkte der abgelesenen Gene führt der Genotyp zur Ausprägung eines bestimmten Phänotyps.

Hayflick-Grenze – Entdeckung, dass sich normale Zellen in Kulturen nicht unendlich häufig teilen, sondern das Wachstum nach einer für jede Zellpopulation typischen Anzahl von Teilungen einstellen.

Hypoxie – Unzureichende Sauerstoffversorgung eines Gewebes. In Zusammenhang mit der Kommunikationstheorie des Alterns wird von Pseudohypoxie gesprochen, da letztlich nicht Sauerstoff fehlt, sondern daraus entstehendes ATP.

IGF – Insulinähnliche Wachstumsfaktoren (*insulinlike growth factors*). Es existieren zwei über ihre Sequenzähnlichkeit mit Insulin definierte Proteine. Der nach der Embryonalentwicklung wichtigere IGF-1 beeinflusst über Rezeptoren an Zelloberflächen fast alle Gewebe. Er wirkt insbesondere muskelaufbauend und wird deshalb auch als starkes Dopingmittel eingesetzt.

Lipofuszin – Nicht weiter abbaubares Pigment, das sich in alten Zellen (insbesondere Herzmuskel-, Nerven- und Hautzellen) ansammelt. Es entsteht als quervernetztes, nicht abbaubare Ablagerung bei Oxidationsvorgängen aus Proteinen und Lipiden.

Meiose – Reduktionsteilung. Vorgang bei der sexuellen Reproduktion, bei dem sich eine Zelle mit zwei Chromosomensätzen (diploid) sich teilt, ohne ihre Chromosomen vorher zu verdoppeln. Sie wird dadurch zu einer Geschlechtszelle mit einfachem Chromosomensatz (haploid).

Mesenchym – Embryonales Bindegewebe, aus dem sich unter anderem Knochen, Knorpel, die Muskulatur der Hohlorgane (Adern, Herz), aber auch etwa Nieren, Nebennieren, das blutbildende System und das Lymphsystem entwickeln.

Methylierung – Bindung einer CH_3-Gruppe an ein Molekül wie eine Nukleobase. Sie ersetzt dort ein Wasserstoffatom. Die durch besondere Enzyme verursachte Methylierung von DNA verringert die Expression der entsprechenden Gene und kann auf Folgegenerationen (epigenetisch) übertragen werden. Da die DNA-Sequenz aber nicht geändert wird, liegt keine Mutation vor.

Mitochondrien – Zellorganellen eukaryotischer Zellen, an deren Membranen die entscheidenden Schritte der Zellatmung (OXPHOS) ablaufen.

mtDNA – Bei allen Eukaryoten zu findende, fast immer ringförmige, doppelsträngige DNA der Mitochondrien. Sie enthält Gene für wichtige Proteine der Atmungskette und codiert für RNA-Anteile von tRNAs und mitochondrienspezifischen Ribosomen. Menschliche mtDNA enthält 37 Gene in 16569 Basenpaaren. Von diesen codieren 13 für Proteine, die anderen für tRNAs und rRNA-Bestandteile von Ribosomen).

Mutation – Änderung der Erbinformation auf der DNA. Dabei kann es sich um Änderungen einzelner Basen (Punktmutationen), Delegationen (Verlust eines Bereiches), Insertionen (Einschub eines fremden Bereiches) oder Duplikation (Verdopplung) handeln. Ursachen für Mutationen können beispielsweise Kopierfehler bei der Zellvermehrung, Einwirkung ionisierender Strahlung, chemische Einflüsse oder der Einbau von Retroviren sein.

NAD⁺ – Nicotinamid-Adenin-Dinukleotid, ein Coenzym, das an zahlreichen Redoxreaktionen im Zellstoffwechsel beteiligt ist. Ein Mangel an N. wird für abnehmende Aktivität der ▸ Mitochondrien im Alter verantwortlich gemacht.

Neurone – (Nervenzellen) N. sind Zellen, die auf Reizweiterleitung und Informationsverarbeitung spezialisiert sind. Ausdifferenzierte N. im Gehirn erwachsener Menschen sind nicht mehr teilungsaktiv, werden aber z. B. im Hippocampus in geringem Umfang weiterhin aus Stammzellen gebildet.

Nicotinamid-Ribosid – (NR) Eine Vorstufe für ▸ NAD^+ im Körper und hat möglicherweise günstigere Wirkungen als die bekannteren Alternativen Nicain oder Nicotinamid.

Nicain – (Nicotinsäure, Vitamin B_3) Eine Vorstufe für ▸ NAD^+ im Körper. Alternativ zu N. kann das Säureamids (Nicotinamid) aufgenommen werden. Dieses wird jedoch nicht in N. umgewandelt, sondern über andere Reaktionen zu NAD^+ umgesetzt.

Nicotinamid ▶ Nicain

NMN – Nicotinamid-Mononukleotid, eine Vorstufe bei der Biosynthese von ▶ NAD^+, deren Zufuhr innerhalb kurzer Zeit einen Verjüngungseffekt auf gealterte Mäuse zeigen soll.

Nukleinsäuren – Sehr lange heteropolymere Kettenmoleküle aus Nukleotiden, die die Erbinformation von Lebewesen tragen.

Nukleobasen – Organische Verbindungen mit Stickstoff enthaltenden heterozyklischen Ringen, und bestimmten funktionellen Seitengruppen. Pyrimidinbasen enthalten einen, Purinbasen zwei Ringe. Als Bestandteile von Nukleotiden kommen in der DNA die vier Basen Adenin, Cytosin, Guanin und Thymin vor (▶ Abbildung 3-04). Bei RNA ist Uracil anstelle von Thymin vertreten.

Nukleotid – Baueinheit der Nukleinsäuren, bestehend aus einem Zucker (Ribose bei RNA, Desoxyribose bei DNA), einem Phosphatrest (PO_4^{2-}) und einer Nukleobase, die der eigentliche Informationsträger der Nukleinsäure ist.

OXPHOS – Oxydative Phosphorylierung, Zellatmung

Oxytocin – Endokrines Proteohormon mit zusätzlicher Neurotransmitterfunktion, das für die Steuerung der Eltern-Kind-Bindung, Paarbildung und das Sozialverhalten verantwortlich ist. Sein nachlassender Serumspiegel trägt im Alter zum Abbau und zur verringerten Regenerationsfähigkeit von Muskelfasern bei.

p53 – Bezeichnung für ein Protein, das eine wichtige Rolle für DNA-Reparatur, Tumorunterdrückung und Alterung spielt. Es kommt in wachsenden Geweben und Tumorzellen vor, aber kaum in ruhenden Zellen. Es wirkt wie eine Art Bremse, die nötig ist, um Zellen vom unkontrollierten Wachstum und weiterer Schädigung abzuhalten.

Phagen – Phagen oder Bakteriophagen (Bakterienfresser) sind Viren, die Bakterienzellen befallen.

Phänotyp – Die Gesamtheit der Merkmale eines Lebewesens, also die körperliche Ausprägung der über den Genotyp definierten Erbinformation. Der P. bestimmt die ▶ Fitness eines Organismus in einem gegebenen Umfeld. Nur über den P. eines Organismus kann die natürliche Selektion wirksam werden.

Population – Gesamtheit aller lebenden Individuen einer Spezies oder eine in einem bestimmten Kontext betrachtete Teilmenge davon.

Prokaryoten – Lebewesen ohne echten Zellkern wie Bakterien und Archaeen. Prokaryoten besitzen zwar viel einfachere innere Abläufe als Eukaryoten, zeichnen sich aber durch große Anpassungsfähigkeit und eine sehr große Vielfalt von Stoffwechselprozessen aus.

Protein – Biopolymer aus wechselnden Abfolgen von Aminosäuren. Proteine sind die für Lebewesen charakteristischsten Moleküle. Sie kommen als Strukturproteine vor und dienen als Enzyme der Katalyse fast aller Lebensvorgänge.

Proteohormone – Gruppe von mehr als zwei Dutzend fettunlöslichen Signalstoffen unterschiedlicher Wirkung. Sie bestehen aus Aminosäureketten zwischen knapp zehn und ungefähr 200 Aminosäuren. Wichtige Beispiele sind Oxytocin, Insulin, Somatostatin, Somatotrophin und IGFs.

Radikal – Atomare oder molekulare Teilchen, mit einem Orbital, das nur mit einem einzelnen Elektron belegt ist. Solche Teilchen sind normalerweise äußerst reaktiv und daher kurzlebig.

Rapamycin – (Sirolimus), ein Immunsuppressivum, das unter Laborbedingungen bei vielen Organismen die durchschnittliche und die maximale Lebensdauer erhöhen kann.

Resveratrol – Im Rotwein und Brombeeren vorkommende Verbindung, die in hoher Dosierung die durchschnittliche Lebenszeit einiger Modellorganismen erhöhen kann.

Reverse Transkriptase – Enzym, das entgegen dem früher in der Genetik geltenden zentralen Dogma Information von RNA auf DNA übertragen kann.

Ribose – Zuckerkomponente der Ribonukleinsäure.

Ribosom – Enzymkomplex aus Proteinen und rRNA zur Herstellung von Eiweißen in der Proteinbiosynthese. R. vermitteln die Erkennung des Anticodons einer tRNA mit einem 3-Nucleotide langen Codon auf einer mRNA. Gesteuert von der Abfolge der Codons auf der mRNA bauen die Ribosomen von tRNAs angelieferte Aminosäuren zu einer Proteinkette zusammen.

ROS – Reaktive oxidative Sauerstoffspezies (*reactive oxygen species*). Unter diesem Begriff fasst man einige chemisch sehr instabile sauerstoffhaltige Moleküle zusammen, die leicht mit organischen Molekülen in ihrer Umgebung reagieren und dadurch insbesondere biologische Makromoleküle schädigen können.

rRNA, ribosomale RNA – Bezeichnung für die RNA-Komponente eines Ribosoms.

SASP – *senescence-associated secretory phenotype*. Erscheinung, dass vergreiste (▶ Seneszenz) Zellen große Mengen verschiedener Proteine produzieren, die teilweise bei der Tumorunterdrückung eine Rolle spielen könnten, aber auch Entzündungsreaktionen vermitteln.

Seneszenz – Als seneszent (vergreist) bezeichnet man einen nicht mehr teilungsfähigen Zustand von Zellen. Sie gelangen bei Unterschreiten einer Mindestlänge der Telomere oder sonstigen massiven DNA-Schäden in dieses Stadium. Von einfach ruhenden oder vollständig ausdifferenzierten Zellen unterscheiden sich seneszente Zellen durch möglicherweise unkontrollierte Produktion zahlreicher Proteine (▶ SASP).

SENS – *strategies for engineered negligible senescence*. Von dem britischen Biogerontologen Aubrey de Grey eingeführter Begriff für sieben zu weitgehendem Stopp der Alterung erforderlichen Therapiekonzepten: Schäden der Zellkern-DNA (OncoSENS), der mitochondrialen DNA (MitoSENS), durch intrazelluläre Abfallstoffe (LysoSENS), exrazelluläre Abfallstoffe (AmyloSENS), Zellverlust (RepleniSENS), Zellalterung (ApoptoSENS), Quervernetzung (GlycoSENS).

Signaltransduktion, Signalweg – Damit Zellen auf Reize (z. B. Umweltstimuli, äußere Botenstoffe wir Neueotransmitter oder auch intrazelluläre Stimuli) reagieren können, muss die Information über das Auftreten des Reizes am Wirkort ankommen, um dort Vorgänge, z. B. die Proteinbiosynthese, beeinflussen zu können. Dazu müssen Informationen unter Umständen über mehrere Membranen hinweg übertragen, verstärkt oder mit anderen Signalen verrechnet werden (Crosstalk). Hierzu sind in einer Signalkaskade meist mehrere aufeinanderfolgende Reaktionsschritte notwendig. Den ersten Schritt stellen häufig Rezeptoren dar, die in Zellmembranen verankert sind, und den Außenraum mit dem Innenraum verbinden (Transmembranproteine). Tritt im Außenraum eine molekulare Reaktion des Rezeptors mit einem Wirkstoff (Reiz) auf, so verändern diese Moleküle auch ihre Konformation im Innenraum und wirken damit auf sogenannte sekundäre Messenger im Zellinneren ein.

Sirolimus ▶ Rapamycin

SIRT1 – Bezeichnung für das Gen des menschlichen Enzyms Sirtuin-1 (▶ Sirtuine).

Sirtuine – Gruppe von sieben Enzymen, die unter NAD^+-Verbrauch Acetyl-Gruppen von Proteinen abspalten können. Es gibt Hinweise darauf, dass sie bei verstärkter Aktivität (▶ STAC) Effekte von ▶ CR nachahmen können.

SNP – Als SNP (*single nucleotide polymorphism*) bezeichnet man Variationen an einzelnen Basenpaaren der DNA (Punktmutationen), die im Erbmaterial eines Organismus oder einer Population vorkommen. Sie machen etwa 90 Prozent aller Mutationen aus.

somatisch – Als somatisch werden alle (gr. *soma* Körper) Zellen bezeichnet, die nicht Vorläufer von Keimzellen sind. Ihr Erbmaterial wird also nicht an die nächste Generation weitergegeben.

Splicing – Nach der Transkription bei Eukaryoten häufig auftretende Nachbearbeitung des primären Transits zu messenger RNA (mRNA). Beim Splicing werden bestimmte nicht codierende Bereiche (Introns) aus der RNA herausgeschnitten. Es verbleibt die eigentliche mRNA zur Translation.

STAC – *sirtuin-activating compound.* Verbindungen, die ▶ Sirtuine aktivieren können. Der bekannteste Vertreter dieser Verbindungen ist ▶ Resveratrol.

Stress, oxidativer – Tritt auf, wenn in Mitochondrien stets entstehende Nebenprodukte der Zellatmung (ROS, *reactive oxygen species*) nicht schnell genug durch niedermolekulare Radikalfänger oder Superoxiddismutase abgebaut werden können.

Synapse – Elektrochemische Schaltverbindung zwischen zwei Nervenzellen (▶ Neuronen) oder einer Nervenzelle zu einer Muskelzelle. Wird eine vorgeschaltete Nervenzelle aktiviert, so schleust sie Neurotransmitter in den synaptischen Spalt aus, was die nachgeschaltete Zelle bei Überschreiten eines Grenzwertes ebenfalls aktivieren kann.

Telomere – Endkappen linearer Chromosomen. Aufgabe der T. ist der Schutz der vor enzymatischem Abbau durch Exonukleasen, End-zu-End-Fusion, Instabilität und Verkürzung der codierenden DNA. Sie bestehen aus nicht transkribierten DNA-Sequenzen. Einer der beiden Stränge steht mit repitiven guaninreichen Sequenzen über das DNA-Doppelstrangende hinaus, wird umgeklappt und bildet Komplexe mit einigen Proteinen. Bei allen Wirbeltieren liegt die wiederholte Sequenz TTAGGG vor.

TERT – Telomerase Reverse Transferase (*telomere elongating reverse transferase*) ist in der Lage, Telomere an Chromatiden durch Anfügen einer typischen DNA-Sequenz (▸ Telomere) zu verlängern. Das zugehörige Gen wird als *TERT* (kursiv!) bezeichnet.

TFAM – (*mitochondrial transcription factor A*), ist ein im Zellkern codiertes Protein, das für die Transktiption der mitochondrialen DNA (▸ mtDNA) entscheidend ist.

TOM / TIM – (Transfer Outer Membrane / Transfer Inner Membrane) sind Proteinekomplexe, die am Transport zahlreicher Proteine beteiligt sind, die im Cytoplasma gebildet werden und durch die Membranen der Organellen hindurch an ihren Wirkort in den ▸ Mitochondrien gelangen müssen.

Transformation – Verwandlung einer Zelle in eine potenziell unsterbliche Zelle.

Transkription – Vorgang des Umschreibens der DNA-Information in sogenannte Boten-RNA (Messenger-RNA, mRNA).

Transkriptionsfaktor – Transkriptionsfaktoren sind Proteine, die durch Bindung an bestimmte DNA-Sequenzen deren Transkriptionsaktivität beeinflussen. Komplexe Genome steuern die Zelldifferenzierung und Reaktionen auf Umweltänderungen über mehrere tausend teilweise gewebespezifisch gebildete Transkriptionsfaktoren.

Translation – Vorgang des Umcodierens der Information auf der Messenger-RNA (Basentripletts) in die Aminosäuresequenz eines Proteins an Ribosomen (▸ Ribosom).

tRNA – Transfer-RNA-Moleküle bestehen aus einer wie ein Kleeblatt gefalteten RNA-Kette mit einer Erkennungssequenz für den Triplettcode einer spezifischen Aminosäure und sind mit dieser Aminosäure verknüpft. In der Proteinbiosynthese sind sie die eigentliche molekulare Repräsentation des genetischen Codes.

Tunnelproteine – (Transmembranproteine) Spezielle Proteine oder Proteinkomplexe, die einen Kanal durch Zellmembranen bilden mit dem Zellinneren und der Umgebung in Kontakt stehen. Sie dienen zu kontrolliertem Stofftransport durch die Membran und sind häufig am Informationstransport in und aus der Zelle beteiligt.

Turing-Test – Ein auf den englischen Informatiker Allan Turing zurückgehender Test auf künstliche Intelligenz. Dabei wird ein System als intelligent betrachtet, wenn es bei schriftlicher Kommunikation mit ihm nicht von einem Menschen zu unterscheiden ist.

Zelle – Typische Struktureinheit, in der Lebensvorgänge abgegrenzt von der Umgebung stattfinden. Zellen enthalten bei Eukaryoten normalerweise einen Zellkern mit dem Erbmaterial DNA.

zentrales Dogma – Früher in der Molekulargenetik formulierter Grundsatz, dass Information stets von DNA über RNA zu Proteinen übertragen wird. Seit der Entdeckung erster reverser Transkriptasen und epigenetischer Vererbung kennt man einige Ausnahmen zu diesem Prinzip.

Zytogerontologie – Studium des menschlichen und tierischen Alterungsprozesses an Zellkulturen.

Bildquellen

Abb. Quelle

1–01 Gevatter Tod: Public Domain

1–02 Entwicklung der Lebenserwartung: © W&P

1–03 Lebenserwartung nach Ländern: The World Factbook 2013-14. Washington, DC: Central Intelligence Agency, 2013 .

1–04 Todesursachen: © W&P, Daten: The Global Burden of Disease Study 2010, Lancet 380/0859: 2063–2066

1–05 Späte Familie: © W&P, Daten: Statistisches Bundesamt

1–06 Von Bakterien zu Organismen
a) © Yuuji Tsukii, Hosei University, Protist Information Server (http://protist.i.hosei.ac.jp/), mit freundlicher Genehmigung
b) © biotechnologie.de; mit freundlicher Genehmigung
c) © Yuuji Tsukii, Hosei University, Protist Information Server (http://protist.i.hosei.ac.jp/), mit freundlicher Genehmigung
d) © Frank Fox, mikrofoto.de; mit freundlicher Genehmigung
e) Bruno in Columbus
f) © Rollroboter, lizensiert unter CC BY-SA 3.0
h) © W&P

1–07 Spezialisierte Zell- und Gewebetypen:
a) © Wie-Chung Allen Lee et al. lizensiert unter CC BY-SA1–08
b) © Rollroboter, lizensiert unter CC BY-SA 3.0
c) Dept. of Histology, Jagiellonian University Medical, College

1–08 Sterblich oder unsterblich: © W&P

1–09 Süßwasserpolyp: © Frank Fox, mikro-foto.de; mit freundlicher Genehmigung

1–10 Alterung im Stammbaum der Organismenaus: Jones et al. 2014: Diversity of ageing across the tree of life, Nature 505:169–173; © Nature Publishing Group; mit freundlicher Genehmigung

1–11 Arbeitspferde der Alterungsforscher: © NIH (National Institutes of Health)

1–12 Eine Qualle ewiger Jugend: Quelle nicht ermittelbar

1–13 Lebensdauer von Tieren: © W&P

1–14 Verknüpfte Prozesse: © W&P

2–01 Alterung des Herzens: © W&P

2–02 Alterung des Kreislaufsystems:
links: © W&P
rechts: © W&P

2–03 Alterung des Immunsystems: © W&P

2–04 Alterung der Atemwege: © W&P

2–05 Alterung von Nieren, Blase und Harnleiter: © W&P

2–06 Alterung von Muskeln und Bändern: © W&P
2–07 Alterung von Knochen und Knorpeln: NIH, NHANES II Survey, US.gov, Public Domain
2–08 Alterung des Verdauungssystems: © W&P
2–09 Alterung des Hormonsystems: © W&P
2–10 Alterung von Gehirn und Nervensystem: Fotos: © Hersenbank

3–01 Biomembranen
links: © W&P
rechts: © W&P
3–02 Zellkern, Chromosomen, DNA
links: © W&P
rechts: © W&P
3–03 Proteinbiosynthese
links: © W&P
rechts: © W&P
3–04 DNA-Struktur: © W&P
3–05 DNA-Replikation: © W&P
3–06 Zentrales Dogma, Regulation und Epigenetik: © W&P
3–07 Mitochondrium mit DNA und Membran: © W&P
3–08 Atmungskette: © W&P

4–01 Reaktive Sauerstoffspezies: © W&P
4–02 DNA-Schäden und Reparatur: © W&P
4–03 Chromosomen und Telomere: © W&P
4–04 Bau der Telomere: © W&P
4–05 Hayflick-Grenze: © W&P
4–06 Telomere sichtbar gemacht: © NASA, Telomer caps; U.S. Department of Energy, Human Genome Program

5–01 Rapamycin: © W&P
5–02 Transfektion: © W&P

6–01 Behandeln oder Nichtbehandeln: © W&P

Literaturverzeichnis

Kapitel 1 Tod und die Suche nach ewiger Jugend

1 stlo: Kuh vor Schlachter geflohen, http://www.hr-online.de/website/rubriken/nachrichten/indexhessen34938.jsp?rubrik=36094&key=standard_document_51110093 (Abgerufen am 14.08.2014).[a]

2 Welsch N, Schwab J, Liebmann CC: Materie: Erde, Wasser, Luft und Feuer, 3. Aufl., Springer-Spektrum, Springer-Verlag, Berlin Heidelberg (2014).

3 Welsch N, Schwab J, Liebmann CC: Leben, Springer-Spektrum, Springer-Verlag, Berlin Heidelberg (2015).

4 Veit L, Nieder, A: Abstract rule neurons in the endbrain support intelligent behavior in corvid songbirds, Nature Communications, 4, 2878, (Abgerufen am 22.08.2014).[a]

5 Jelbert SA, et al.: Using the Aesop's Fable Paradigm to Investigate Causal Understanding of Water Displacement by New Caledonian Crows, PLoS ONE, 9 (3) (Abgerufen am 22.08.2014).[a]

6 Society of Experimental Biology: Pigeons never forget a face, www.sciencedaily.com/releases/2011/07/110703132527.htm (Abgerufen am 22.08.2014).[a]

7 Dornhaus A, Franks NR: Individual and collective cognition in ants and other insects (Hymenoptera: Formicidae)., Myrmecological News, 11: 215–26 (2008).

8 Dreier S, et al.: Long-term memory of individual identity in ant queens., Biol Lett., 5 (3): 459–62 (2007).

9 Brüder Grimm: Kinder- und Hausmärchen, 19. Aufl., Artemis & Winkler Verlag, Patmos Verlag, Düsseldorf, Zürich (1999).

10 Murray CJL, et al.: The Global Burden of Disease Study 2010., The Lancet, 380 (9859): 2063–66 (2012).

11 Bibel: Genesis, 5: B21–27 (o. J.).

12 Christensen K, et al.: Physical and cognitive functioning of people older than 90 years: a comparison of two Danish cohorts born 10 years apart., The Lancet, 382 (9903): 1507–13 (2013).

13 Eisenberg DTA, et al.: Delayed paternal age of reproduction in humans is associated with longer telomeres across two generations of descendants., PNAS, 109 (26): 10251–56 (2012).

14 Stefánsson K: deCODE Genetics, http://sfari.org/news-and-opinion/news/2012/fathers-age-dictates-rate-of-new-mutations (Abgerufen am 19.01.2014).[a]

15 Carrel A: On the Permanent Life of Tissues outside of the Organism., Journal of Experimental Medicine, 15: 516–28 (1912).

16 Hayflick L, Moorhead PS: The serial cultivation of human diploid cell strains., Exp. Cell Res., 25: 585–621 (1961).

17 Murchison EP, et al.: Transmissable Dog Cancer Genome Reveals the Origin and History of an Ancient Cell Lineage., Science, 343 (6169): 437 (2014).

18 Martinez DE: Mortality patterns suggest lack of senescence in hydra., Exp Gerontol, 33 (3): 217–25 (1998).

19 Jones OR, et al.: Diversity of ageing across the tree of life., Nature, 505: 169–73 (2014).

20 Gilbert SF: Cheating Death: The Immortal Life Cycle Of Turritopsis, http://10e.devbio.com/article.php?ch=2&id=6 (Abgerufen am 22.08.2014).[a]

21 Carroll SB: EvoDevo – Das neue Bild der Evolution, 1. Aufl., Berlin University Press, Berlin (2010).

22 Nüsslein-Vollhardt, Chr: The identification of Genes controlling Development in Flies and Fishes. Les Prix Nobel, Stockholm, (1996).[b]

23 Perls TT, Wilmoth J, Levenson R, et al.: Life-long sustained mortality advantage of siblings of centenarians., PNAS, 99 (12): 8442–47 (2002).

24 Butler, PG, Wanamaker, AD, Scourse, JD, et al.: Variability of marine climate on the North Icelandic Shelf in a 1357-year proxy archive based on growth increments in the bivalve Arctica islandica., Palaeogeography, Palaeoclimatology, Palaeoecology, 373 (1): 141–51 (2013).

25 McCay CM, Crowell MF, Maynard LA: The effect of retarded growth upon the length of life span and upon the ultimate body size., Nutrition, 3 (5): 155–71 (1935).

26 Mattison JA, et al.: Impact of caloric restriction on health and survival in rhesus monkeys from the NIA study., Nature, 489: 318–21 (2012).

27 Colman RJ, et al.: Caloric restriction reduces age-related and all-cause mortality in rhesus monkeys., Nature Communications, 5 (3557): (2014).

28 Bert P: Expériences et considérations sur la greffe animale., Journal de l'Anatomie et de la Physiologie, 1: 69–87 (1864).

29 McCay CM: Experimental prolongation of the Livespan., Bull. N. Y. Acad. Med., 2 (32): 91–101 (1956).

30 Mayack SR, Wagers, AJ: Osteolineage niche cells initiate hematopoietic stem cell mobilization., Blood, 3 (112): 519–31 (2008).

31 Mayack SR, et al.: Stem-cell papers under suspicion., Nature, 463: 495–501 (2010).

32 Villeda, SA, et al.: Young blood reverses age-related impairments in cognitive function and synaptic plasticity in mice., Nature Medicine, 20: 659–63 (2014).

33 Harms MJ, Thornton JW: Historical contingency and its biophysical basis in glucocorticoid receptor evolution., Nature, 512 (7513): 203–7 (2014).

34 Conboy IM, et al.: Rejuvenation of aged progenitor cells by exposure to a young systemic environment., Nature, 433: 760–764 (2005).

Kapitel 2 Alterskrankheiten und Altern als Krankheit

35 Daley-Placide, R: Physical Changes with Aging, http://www.med.unc.edu/aging/fellowship/current/presentations/Physical_Changes_with_Aging.ppt (Abgerufen am 05.01.2014).[a]

36 Thompson JR, Blair M R, Henrey AJ: Over the Hill at 24: Persistent Age-Related Cognitive-Motor Decline in Reaction Times in an Ecologically Valid Video Game Task Begins in Early Adulthood., PLoS ONE, 4 (9): (2014).

37 Julien S, Schraermeyer U: Lipofuscin can be eliminated from the retinal pigment epithelium of monkeys., Neurobiol Aging, 33 (10): 2390–97 (2012).

38 Teramoto S, Ishii M: Aging, the aging lung, and senile emphysema are different., American Journal of Respiratory and Critical Care Medicine, 175 (2): 197–98 (2007).

39 Siewers M: Muskelkrafttraining mit älteren Menschen., Ärzteblatt, 5: 49–55 (2001).

40 Rudman D, et al.: Effects of Human Growth Hormone in Men over 60 Years Old., The New England Journal of Medicine, 323: 1–6 (1990).

41 Lipinsky PS, et al.: Ageing and duodenal morphometry., J Clin Pathol, 45: 450–52 (1992).

42 Bailey CJ, Flatt PR: Hormonal control of glucose homeostasis during development and ageing in mice., Metabolism, 31 (3): 238–46 (1982).

43 Leitlinie: Nationale Versorgungsleitlinie Typ-2-Diabetes (Stand: 20.12.2012), http://www.awmf.org/uploads/tx_szleitlinien/nvl-001fl_S3_NVL_Diabetes_Schulung_2013-07.pdf (Abgerufen am 22.08.2014).[a]

44 Imbeault P, et al.: Aging Per Se Does Not Influence Glucose Homeostasis., Diabetes Care, 26 (2): 480–84 (2003).

45 Lahdenperä M, et al.: Fitness benefits of prolonged post-reproductive lifespan in women., Nature, 428 (6979): 178–81 (2004).

46 Terburg D, Morgan B, van Honk J: The testosterone–cortisol ratio: A hormonal marker for proneness to social aggression., International Journal of Law and Psychiatry, 32 (4): 216–23 (2009).

47 Montoya ER, et al.: Testosterone, cortisol, and serotonin as key regulators of social aggression: A review and theoretical perspective., Motivation and Emotion, 36 (1): 65–73 (2012).

48 Lim K O, et al.: Decreased Gray Matter in Normal Aging: An in Vivo Magnetic Resonance Study., J Gerontol, 1 (47): B26–B30 (1992).

49 Jost K, et al.: Are old adults just like low working memory young adults? Filtering efficiency and age differences in visual working memory., Cerebral Cortex, 21: 1147–54 (2011).

50 Baltes P, Featherman D L, Lerner RM (eds): Life-Span Devevelopment and Behavior, 1. Aufl., Taylor and Francis Group, (1990). [b]

Kapitel 3 Molekularbiologische Grundlagen

51 Dahm R: Friedrich Miescher and the discovery of DNA., Dev. Biol., 278 (2): 274–88 (2005).

52 Miescher F: Ueber die chemische Zusammensetzung der Eiterzellen., Med.-Chem. Unters., 4: 441–60 (1871).

53 Galván I, et al.: Chronic exposure to low-dose radiation at Chernobyl favors adaptation to oxidative stress in birds, Functional Ecology, 2014, 5, http://onlinelibrary.wiley.com/doi/10.1111/1365-2435.12283/suppinfo (Abgerufen am 22.08.2014).

54 Hoppins S, Lackner L, Nunnari J: The machines that divide and fuse mitochondria., Annu Rev Biochem., 76: 751–80 (2007).

55 Wiedemann N, et al.: Machinery for protein sorting and assembly in the mitochondrial outer membrane., Nature, 424 (6948): 565–71 (2003).

56 Rehling P , Meisinger C: Proteintransport in Mitochondrien: TOM- und TIM-Komplexe., Biospektrum, 9: 460–63 (2003).

Kapitel 4 Zelluläre Mechanismen des Alterns

57 Van Heemst D: Insulin, IGF-1 and longevity., Aging and Disease, 1 (2): 247–57 (2010).

58 Jin K: Modern Biological Theories of Aging., Aging and Disease, 1 (2): 72–74 (2010).

59 Weismann A: Zur Frage nach der Unsterblichkeit der Einzelligen., Biologisches Centralblatt, 4 (21/22): 650–65/677–91 (1885).

60 Kirkwood T: Evolution of ageing., Nature, 270 (5635): 301–4 (1977).

61 Ramanujan K: Big plant-eating birds that dwell with others on islands live longes, www.sciencedaily.com/releases/2010/01/100118231148.htm (Abgerufen am 22.08.2014).[a]

62 Valcu M, et al.: Global gradients of avian longevity support the classic evolutionary theory of ageing (Abgerufen am 23.08.2014).[a]

63 Magalhaes P: Why some animals live longer than others, http://www.sciencedaily.com/releases/2012/03/120329112105.htm (Abgerufen am 24.08.2014).[a]

64 Kenyon C J: The genetics of ageing., Nature, 464: 504–12 (2010).

65 Bjelakovic G, et al.: Mortality in randomized trials of antioxidant supplements for primary and secondary prevention: systematic review and meta-analysis., JAMA, 8 (297): 42–57 (2007).

66 Scaffaldi P, Misteli T: Lamin A-Dependent Nuclear Defects in Human Aging., Science, 312 (5776): 1059–63 (2006).

67 Scaffaldi P, Misteli T: Lamin A-dependent misregulation of adult stem cells associated with accelerated ageing., Nat Cell Biol., 10 (4): 452–59 (2008).

68 Effros RB: Roy Walford and the immunologic theory of aging., Immunity & Ageing, 2 (7): (2005).

69 Rubner M: Das Problem der Lebensdauer und seine Beziehung zu Wachstum und Ernährung, 6. Aufl., Oldenbourg, München, Berlin (1908).

70 Gerschman R, et al.: Oxygen poisoning and x-irradiation: a mechanism in common., Science, 119 (3097): 623–26 (1954).

71 Harman D: Aging: a theory based on free radical and radiation chemistry., J Gerontol., 11 (3): 298–300 (1956).

72 Phimister EG, Navdeep S Chandel NS, Tuveson DA: The Promise and Perils of Antioxidants for Cancer Patients.., New England Journal of Medicine, 371 (2): 177–78 (2014).

73 Afanas'ev I: Signaling and Damaging Functions of Free Radicals in Aging – Free Radical Theory, Hormesis, and TOR., Aging and Disease, 1: 75–88 (2010).

74 Rosengren, A, et al.: Association of psychosocial risk factors with risk of acute myocardial infarction in 11119 cases and 13648 controls from 52 countries (INTERHEART study): case-control study, The Lancet, 364 (Abgerufen am 00.01.1900).[a]

75 Rensing L: Molekulare Wirkmechanismen und Folgen für die Gesundheit: Krank durch Stress., Biologie in unserer Zeit, 36: 284–92 (2006).

76 Bjorksten, J, Champion, W J: Mechanical influence upon tanning., J American Chemical Society, 64: 868–69 (1942).

77 Bjorksten, J: A common molecular basis for the aging syndrome., J American Geriatrics Society, 6: 740–47 (1958).

78 Bjorksten J, Tenhu H: The crosslinking theory of aging – added evidence., Exp Gerontol., 2 (25): 91-5 (1990).

79 Schenk, R U, et al.: Extraction of aluminum from aorta tissues by chelating agents and lactic acid., Rejuvenation, 9: 4–10 (1981).

80 Bjorksten, J: The possibility of removing covalently bound aluminum from the living human brain., Rejuvenation, 12: 24–27 (1984).

81 Bjorksten, J, Yaeger, L L, Wallace, T: Control of aluminum ingestion and its relation to longevity., Internat J Vit Nutr Res, 58: 462–65 (1988).

82 Raya-Rivera, A M, et al.: Tissue-engineered autologous vaginal organs in patients: a pilot cohort study., The Lancet, 384 (9940): 329–36 (2014).

83 De Bont R, van Larebeke N: Endogenous DNA damage in humans: a review of quantitative data., Mutagenesis, 19 (3): 169–85 (2004).

84 Hart RW, Setlow RB: Correlation between deoxyribonucleic acid excision-repair and life-span in a number of mammalian species., PNAS, 6 (71): 2169–73 (1974).

85 Perls, TT, et al.: Life-long sustained mortality advantage of siblings of centenarians., PNAS, 12 (99): 8442–47 (2002).

86 Lankester, ER: On Comparative Longevity in Man and the Lower Animals, Macmillan & Co., London (1870). [b]

87 Medawar, P: The Uniqueness of the Individual, Basic Books, New York (1957). [b]

88 Williams, G: Pleiotropy, natural selection, and the evolution of senescence., Evolution, 11 (4): 398–411 (1957).

89 Wynne-Edwards, V C: Animal Dispersion in Relation to Social Behaviour, Oliver & Boyd, London (1962). [b]

90 Wilson, D S Wilson, E O: Evolution - Gruppe oder Individuum?, Spektrum der Wissenschaft, (1): 32–41 (2009).

91 Hayflick, L, Moorhead, PS: The serial cultivation of human diploid cell strains., Exp. Cell Res., 25: 585–621 (1961).

92 Olovnikov AM: Principle of marginotomy in template synthesis of polynucleotides., Dokl Akad Nauk SSSR, 201 (6): 1496–99 (1971).

93 Holstege H, et al.: Somatic mutations found in the healthy blood compartment of a 115-year-old woman demonstrate oligoclonal hematopoiesis., Genome Res, 24: 733–42 (2014).

94 Davidovic M, et al.: Old age as a privilege of the selfish ones., Aging and Disease, 1: 139–46 (2010).

95 Gershon, H, Gershon, D: The budding yeast, Saccharomyces cerevisiae, as a model for aging research: a critical review., ScienceDirect, 120 (1–3): 1–22 (2000).

96 Mayer S, et al.: Sex-specific telomere length profiles and age-dependent erosion dynamics of individual chromosome arms in humans., Cytogenet Genome Res., 112 (3–4): 194–201 (2006).

97 Shalev I, et al.: Exposure to violence during childhood is associated with telomere erosion from 5 to 10 years of age: a longitudinal study., Molecular Psychiatry: 1–6 (2012).

98 Drury, SS, et al.: The Association of Telomere Length With Family Violence and Disruption., Pediatrics, 134 (1): e128–e137 (2014).

99 Tchkonia T, et al.: Cellular senescence and the senescent secretory phenotype: therapeutic opportunities., J Clin Invest., 123 (3): 966–72. (2013).

100 Baker, DJ: Clearance of p16-Positive Senescent Cells Delays Aging-Associated Disorders., Nature, 479: 232–36 (2011).

Kapitel 5 Mögliche Behandlungsansätze

101 Katcher, HL: Studies that shed new light on aging., Biochemistry, 78 (9): 1061–70 (2013).

102 Newgard, C B, Sharpless N E: Coming of age: molecular drivers of aging and therapeutic opportunities., J Clin Invest., 123 (3): 946–50 (2013).

103 Wood, JG, et al.: Sirtuin activators mimic caloric restriction and delay ageing in metazoans., Nature, 430 (7000): 686–89 (2004).

104 Bober, E: Können Sirtuine den Alterungsprozessen entgegenwirken?, Max-Planck-Institut für Herz- und Lungenforschung, Bad Nauheim (2008).

105 Pearson KJ, et al.: Resveratrol delays age-related deterioration and mimics transcriptional aspects of dietary restriction without extending life span., Cell Metabolism, 8: 157–68 (2008).

106 Fontana, L, Klein, S: Aging, adiposity and calorie restriction., JAMA, 291 (9): (2001).

107 Timmerman, L: glaxosmithkline-shuts-down-sirtris-five-years-after-720m-buyout, http://www.xconomy.com/boston/2013/03/12/glaxosmithkline-shuts-down-sirtris-five-years-after-720m-buyout/ (Abgerufen am 22.08.2014).[a]

108 Finkel, T: Reactive oxygen species and signal transduction., IUBMB Life, 52 (1–2): 3–6 (2001).

109 Gomes, AP, et al.: Declining NAD Induces a Pseudohypoxic State Disrupting Nuclear-Mitochondrial Communication during Aging., Cell , 155 (7): 1624–38 (2013).

110 Harrison, DE, et al.: Rapamycin Fed Late in Life Extends Lifespan in Genetically Heterogeneous Mice., Nature, 460: 392–95 (2009).

111 Cellsignal: mTORsignaling (Grafik), http://media.cellsignal.com/www/pdfs/science/pathways/mTor.pdf (Abgerufen am 22.08.2014). [a]

112 Wullschleger, S, Loewith, R, Hall, MN: TOR Signaling in Growth and Metabolism., Cell, 124: 471–84 (2006).

113 Blagosklonny, MV: Cell cycle arrest is not yet senescence, which is not just cell cycle arrest: terminology for TOR-driven aging., AGING, 4 (3): 159–65 (2011).

114 Sharp, Z D: Aging and TOR: Interwoven in the Fabric of Life., Cellular and Molecular Life Science, 68: 587–97 (2011).

115 Katsimpardi, L: Vascular and neurogenic rejuvenation of the aging mouse brain by young systemic factors., Science, 344 (6184): 630–34 (2014).

116 Elabd, Chr, et al.: Oxytocin is an age-specific circulating hormone that is necessary for muscle maintenance and regeneration., Nature Communications, 5: (2014).

117 Zarse, K, et al.: Low-dose lithium uptake promotes longevity in humans and metazoans., Eur J Nutr, 50 (5): 387–89 (2011).

118 Kapusta, ND, et al.: Lithium in drinking water and suicide mortality., The British Journal of Psychiatry, 198 (5): 346–50 (2011).

119 Zhang, ZJ, et al.: Reduced Risk of Colorectal Cancer With Metformin Therapy in Patients With Type 2 Diabetes., Diabetes Care, 34: 2323–28 (2011).

120 De Haes, W, et al.: Metformin promotes lifespan through mitohormesis via the peroxiredoxin PRDX-2., PNAS, 111 (24): (2014).

121 Liu, B, et al.: Metformin induces unique biological and molecular responses in tripple negative breast cancer cells., Cell Cycle, 8: 2031–40 (2009).

122 Buzzai, M: Systemic treatment with antidiabetic drug metforminselectively impairs p53-deficient tumor cell growth., Cancer Res, 67: 6745–52 (2007).

123 Hirsch HA, et al.: Metformin selectively targets cancer stem cells, and actstogether with chemotherapy to block tumor growth and prolong remission., Cancer Res, 69 (22): 7507–11 (2009).

124 Bodnar, A G, et al.: Extension of life-span by introduction of telomerase into normal human cells., Science, 279 (5349): 349–52 (1998).

125 Hirashima, K, et al.: Telomere length influences cancer cell differentiation in vivo., Molecular and Cellular Biology, 33 (15): 2988–95 (2013).

126 Jaskelioff, M, et al.: Telomerase reactivation reverses tissue degeneration in aged telomerase-deficient mice., Nature, 469 (7328): 102–6 (2011).

127 Sahin, E, et al.: Telomere dysfunction induces metabolic and mitochondrial compromise., Nature, 470 (7434): 359–65 (2011).

128 Hubbard, BP, et al.: Evidence for a common mechanism of SIRT1 regulation by allosteric activators., Science, 339 (6124): 1216–19 (2013).

129 Schatz H.: Wirkmechanismus von Resveratrol in Rotweinextrakt aufgeklärt – können wir wirklich 150 Jahre alt werden?, http://blog.endokrinologie.net/wirkmechanismus-resveratrol-rotweinextrakt-814/ (Abgerufen am 31.08.2014).

130 Kyme P, et al.: C/EBP mediates nicotinamide-enhanced clearance of Staphylococcus aureus in mice., J Clin Invest., 122 (9): 3316–29 (2012).

131 Anisomov VN, et al.: Metformin Decelerates Aging and Development of Mammary Tumors in HER-2/neu Transgenic Mice., Bulletin of Experimental Biology and Medicine, 139 (6): 721–723 (2005).

132 Michishita E, et al.: SIRT6 is a histone H3 lysine 9 deacetylase that modulates telomeric chromatin., Nature, 452 (7186): 492–6 (2008).

133 Blagosklonny, MV, Hall, MN: Growth and Aging: A Common Molecular Mechanism., Aging, 1: 357–62 (2009).

134 Valenzuela, H F, et al.: Cycloastragenol extends T cell proliferation by increasing telomerase activity., J Immunol, 182 (90.30): (2009).

135 Blagosklonny MV: Cell senescence: Hypertrophic arrest beyond the restriction point., J. Cell. Physiol., 209 (3): 592–97 (2006).

136 Tilstra, J S, et al.: NF-ßB inhibition delays DNA damage–induced senescence and aging in mice., J Clin Invest, 122 (7): 2601–12 (2012).

137 Bernardes de Jesus, B, et al.: Telomerase gene therapy in adult and old mice delays aging and increases longevity without increasing cancer., EMBO Molecular Medicine, 4 (8): 691–704 (2012).

138 Neitz J, Neitz M: Gene therapy fills in the gaps in the rainbow for colourblind monkeys., Nature, 461 (7265): 695 (2009).

139 Wang H, et al.: One-Step Generation of Mice Carrying Mutations in Multiple Genes by CRISPR/Cas-Mediated Genome Engineering., Cell, 153 (4): 910–18 (2013).

140 Wang Y, et al.: The CRISPR/Cas System mediates efficient genome engineering in Bombyx mori., Cell Research, 23: 1414–16 (2013).

141 Cai Y, Bak ROJ, Mikkelsen G: Targeted genome editing by lentiviral protein transduction of zinc-finger and TAL-effector nucleases.., Elife, 3: (2014).

142 DRZE: I. Blickpunkt Stammzellen., Kompetenznetzwerk Stammzellforschung NRW, : (2014).

143 Müllermeister HJ: Stammzellen: unsere eingeborenen Körperheiler, http://www.mmnews.de/index.php/i-news/13394-stammzellen-unsere-eingeborenen-koerperheiler (Abgerufen am 27.06.2014).[a]

144 Chong JJ, et al.: Human embryonic-stem-cell-derived cardiomyocytes regenerate non-human primate hearts., Nature, 510 (7504): 273–77 (2014).

145 Arany, PR: Photoactivation of Endogenous Latent Transforming Growth Factor- 1 Directs Dental Stem Cell Differentiation for Regeneration., Sci. Transl. Med., 6 (238): 238ra69 (2014).

146 Raya-Rivera AM, et al.: Tissue-engineered autologous vaginal organs in patients: a pilot cohort study., The Lancet, 384 (9940): 329–36 (2014).

147 Eiraku M, et al.: Self-organizing optic-cup morphogenesis in three-dimensional culture., Nature, 472 (7341): 51–56 (2011).

148 Die ZEIT: Stammzellenforschung Die Augenmacher, http://www.zeit.de/2012/36/Auge-Netzhaut-Stammzellen (Abgerufen am 29.06.2014).[a]

149 Miyashita N, et al.: Remarkable differences in telomere lengths among cloned cattle derived from different cell types., Biol Reprod., 66 (6): 1649–55 (2002).

Kapitel 6 Persönliche und soziale Aspekte

150 Saunders D: Mythos Überfremdung, Blessing, München (2012).[b]

151 Oyebode O, et al.: Fruit and vegetable consumption and all-cause, cancer and CVD mortality: analysis of Health Survey for England data, J Epidemiol Community Health, http://jech.bmj.com/content/early/2014/03/03/jech-2013-203500.full.pdf+html (Abgerufen am 23.08.2014).[a]

152 Code: CODEX GENERAL STANDARD FOR FOOD ADDITIVES , World Health Organisation, (2014).[b]

153 Zhu Ch-T, et al.: Indy gene variation in natural populations confers fitness advantage and life span extension through transposon insertion., Aging, 6 (1): 58–69 (2014).

154 Johnson TE, et al.: Mutant genes that extend life span., Basic Life Sc, 42: 91–100 (1987).

155 Friedman DB, Johnson TE: A mutation in the age-l gene in Caenorhabditis elegans lengthens life and reduces hermaphrodite fertility., Genetics, 118: 75–86 (1988).

156 Friedman DB, Johnson TE: Three mutants that extend both mean and maximum life span of the nematode, Caenorhabditis elegans, define the age-1 gene., J Gerontol, 43 (4): 102–9 (1988).

157 Johnson TE: Increased life-span of age-l mutants in Caenorhabditis elegans and lower Gompertz rate of aging., Science, 241 (4971): 908–12 (1990).

158 Miller RA, et al.: Rapamycin, But Not Resveratrol or Simvastatin, Extends Life Span of Genetically Heterogeneous Mice., J Gerontol A Biol Sci Med Sci., 2 (66): 191–201 (2011).

159 Bernardes de Jesus, B, et al.: Telomerase reverse transcriptase synergizes with calorie restriction to increase health span and extend mouse longevity., J Gerontol A Biol Sci Med Sci., 2 (66): 191–201 (2011).

160 Andrews W, West M: Turning on Immortality: The Debate Over Telomerase Activation, http://www.lef.org/magazine/mag2009/aug2009_Turning-on-Immortality-The-Debate-Over-Telomerase-Activation_01.htm (Abgerufen am 03.07.2014).[a]

161 Phoenix C, Drexler E: Safe exponential manufacturing., Nanotechnology, 15 (8): (2004).

162 Douglas SM, Bachelet I, Church GM: Logic-Gated Nanorobot for Targeted Transport of Molecular Payloads., Science, 335 (6070): (2012).

Allgemeine Literatur

David Stipp: The Youth Pill: Scientists at the brink of an anti-ageing revolution, Current (2013), ISBN 978-1-61723-008-0

Brian Appleyard: Das Ende der Sterblichkeit, Spektrum Akademischer Verlag Heidelberg (2008), ISBN 978-3-8274-1928-6

Uli P. Burgerstein, Hugo Schurgast, Martin B. Zimmermann: Handbuch Nährstoffe, 12. Aufl., Trias Verlag in MVS Medizinverlage, Stuttgart (2012), ISBN 978-3-8304-6071-8

Johannes Huber, Robert Buchacher: Das Ende des Alterns: Bahnbrechende medizinische Möglichkeiten der Verjüngung - Stammzellentherapie, Organverjüngung, 1. Aufl., Econ-Verlag, Berlin (2005), 978-3430147033

Anmerkungen zur Literatur

[a] Hier handelt es sich um Verweise auf Webseiten, Zeitungsberichte oder sonstige Quellen, deren Plausibilität soweit möglich geprüft wurde, die jedoch keinem wissenschaftlichen Peer-Review-Verfahren unterlagen. Ihr Inhalt kann durch unbewiesene persönliche Einschätzungen und kommerzielle Interessen geprägt sein.

[b] Bücher unterliegen generell keinem wissenschaftlichen Peer-Review-Verfahren. Ihr Inhalt muss mit Hilfe der dort aufgelisteten Originalliteratur validiert werden.

Aktuelles zum Thema finden Sie auf der Website life-watcher.de

Index

Symbole

A

B